◉ 本教材由陕西师范大学本科教材建设基金资助出版

U0680311

分子与细胞生物学综合实验

邵焕杰　李　星　张伟锋　编著

陕西师范大学出版总社　西安

图书代号　JC23N0970

图书在版编目(CIP)数据

分子与细胞生物学综合实验／邵焕杰，李星，张伟锋
编著. —西安:陕西师范大学出版总社有限公司,2024.7
ISBN 978-7-5695-3657-7

Ⅰ.①分…　Ⅱ.①邵…②李…③张…　Ⅲ.①分子
生物学—细胞生物学—实验　Ⅳ.①Q7—33

中国国家版本馆 CIP 数据核字(2023)第 110722 号

分子与细胞生物学综合实验
FENZI YU XIBAO SHENGWUXUE ZONGHE SHIYAN

邵焕杰　李　星　张伟锋　编著

特约编辑	朱亚琴
责任编辑	王东升
责任校对	刘金茹
封面设计	金定华
出版发行	陕西师范大学出版总社
	(西安市长安南路 199 号　邮编 710062)
网　址	http://www.snupg.com
印　刷	西安报业传媒集团
开　本	787 mm×1092 mm　1/16
印　张	10.75
字　数	276 千
版　次	2024 年 7 月第 1 版
印　次	2024 年 7 月第 1 次印刷
书　号	ISBN 978-7-5695-3657-7
定　价	59.00 元

前　言

生命科学发展至今，人们对生命本质的探索过程不再是单一地从分子或细胞层面进行认识，而是结合了分子、细胞、类器官，乃至动物在体水平的综合实验过程。伴随着科技的进步，人们的思想观念也在不断地更新和拓展，学习生命科学并不仅仅是一种技术能力的提升，更重要的是它对于我们的人生观、价值观和社会责任感的深刻影响。为了适应这一变化，我们开设了分子与细胞生物学综合实验课程，本教材旨在为学生提供细胞生物学和分子生物学相结合的基础实验操作，目的是使学生了解细胞生物学和分子生物学相关的基础知识，掌握细胞和分子生物学的基本研究方法和基础实验技能，培养学生综合应用细胞及分子生物学方面的知识来设计实验、分析问题并解决问题的能力。通过本课程的学习，学生可以直接进入科研实验室完成以细胞为主要研究对象的基础性科研工作，能够更加深入地了解生命本质，发现其中的奥秘和规律，从而更好地为社会的发展和进步做出贡献。本教材也可以作为分子与细胞生物学领域的研究生和科研工作者的实验操作指南。

本教材内容分为三部分：第一部分动物细胞的分离和培养；第二部分细胞工程与细胞生理功能分析；第三部分分子生物学常用技术。本教材共编写了36个实验，实验内容从组织细胞的分离、培养、鉴定到细胞运动、细胞周期、细胞凋亡等生理功能分析，从基因克隆与质粒转化到蛋白的真核表达、鉴定。每个实验设计了目的与要求、实验设备与材料、实验方法、注意事项等栏目。

本教材编写的实验内容都与三位作者所从事的科学研究课题相关，是以自身实验室的工作为基础整理汇总而来，具有较强的实用性。教材中的部分插图由朱亚琴、燕丽婷、高蕊、高梦圆、陈园坤、赵婧伊等博士生、硕士生协助完成，同时他们也在本教材部分实验资料的收集过程中做了许多工作，对此一并表示感谢。

由于作者水平所限，书中难免有疏漏，恳请各位读者批评指正，帮助我们不断改进。

Contents 目录

第三部分　分子生物学常用技术

第一部分

动物细胞的分离和培养

实验一　细胞培养和观察

【引言】

细胞培养是一种在离体情况下,在体外器皿中模拟体内环境,培养、繁殖和生长大量细胞的方法,也称之为细胞培养技术。细胞培养技术是生命科学及基础医学研究,尤其是细胞生物学研究中最重要和常用的技术方法之一,通过细胞培养可以获取大量细胞,同时又可借此研究细胞的结构组成、代谢、信号转导、基因表达、生长增殖、运动、细胞衰老和凋亡等生命活动和现象。细胞培养包括细胞获得、细胞复苏、细胞冻存、细胞常规培养与传代、观察等。体外培养的原代细胞或细胞株要在体外持续地培养就必须传代,以便获得稳定的细胞株或得到大量的同种细胞,方便进行下一步的实验并维持细胞种的延续。细胞培养包括动物细胞培养、植物细胞培养等多种类型,本实验仅针对动物细胞培养及传代等进行介绍。

【目的与要求】

① 掌握细胞培养的无菌操作技术与复苏、传代培养及冻存的一般方法与步骤。

② 掌握倒置显微镜的操作,了解光镜下各种不同细胞的形态、大小及基本结构。

【实验设备与材料】

① 实验仪器:生物安全柜,CO_2 培养箱,离心机,倒置显微镜,水浴锅,－80 ℃冰箱。

② 实验材料:细胞培养皿,细胞培养瓶,移液管,移液器,细胞冻存管,细胞冻存盒。

③ 实验试剂:RPMI － 1640 培养基,冻存液,胎牛血清(FBS),青/链霉素(100 ×),0.25%胰蛋白酶,PBS,DMSO,75%酒精。

RPMI － 1640 培养基:450 mL RPMI － 1640 培养液中添加50 mL 胎牛血清,5 mL 青/链霉素(100 ×),上下颠倒混匀,储存于4 ℃备用。

冻存液:在50 mL 离心管中依次加入35 mL RPMI － 1640 培养液,10 mL 胎牛血清和5 mL DMSO,上下颠倒混匀,储存于4 ℃备用。

【实验方法】

1. 细胞复苏前实验准备

① 将水浴锅提前预热到 37 ℃。

② 生物安全柜用紫外线照射 30 min，然后用 75% 酒精擦拭，保证台面无菌。

③ 在生物安全柜中摆放好消毒过的移液管、离心管、培养基、废液缸等耗材和试剂。

2. 细胞复苏

① 从液氮或 –80 ℃ 冰箱中取出所要复苏的细胞，尽快放入提前预热至 37 ℃ 的水浴锅中，水浴 3～5 min，等待完全融化。

② 取出冻存管，用吸水纸擦干表面水分，在生物安全柜中用酒精棉球擦拭冻存管盖口，小心拧松并打开盖子，将细胞用 1 mL 移液枪轻轻吹打混匀后转移到提前标记好的 15 mL 离心管中，并加入 3～5 mL 细胞培养所用的培养基。

③ 800 rpm 离心 3 min，弃上清。

④ 加入适量培养基重悬，而后小心将细胞转移至 10 cm 细胞培养皿或 25 mL 细胞培养瓶，轻轻前后及左右摇动培养皿或细胞培养瓶，使细胞均匀分散，置于 CO_2 恒温培养箱中 37 ℃ 培养。

3. 细胞传代（以 10 cm 培养皿为例）

① 实验前准备。

a. 将 PBS（磷酸盐缓冲液）、培养基等提前在室温下或 37 ℃ 水浴锅中预热，胰酶可临用时从 4 ℃ 冰箱取出。

b. 生物安全柜用紫外线照射 30 min，75% 酒精擦拭后，放入移液管、培养基、废液缸等。

c. 台面布置：左手拿取的东西放左边，右手拿取的东西放右边，以防止交叉取东西增加污染的概率。

正前方：废液缸。

左边：PBS、培养基、胰酶、移液管、酒精棉（操作前先夹一块酒精棉备用）。

右边：移液器、移液枪、枪头等。

中间：操作区域。

② 在生物安全柜中无菌操作打开细胞培养皿，倒掉培养基或用真空泵吸走培养基。

③ 向培养皿中加入约 5 mL PBS 缓冲液，轻轻晃动培养皿，使 PBS 缓冲液浸湿所有细胞，然后用真空泵吸掉 PBS（有时可根据细胞生长状况润洗细胞表面 2～3 遍，尽可能除去残留的培养基和死细胞）。

④ 加入 1 mL 胰酶，转动培养皿，使胰酶浸润所有细胞表面，然后将细胞培养皿放回 CO_2 培养箱中 37 ℃ 继续消化 2～5 min，在倒置显微镜下观察，当超过 90% 的细胞变圆并脱离培养皿，或者肉眼可直接观察到细胞层随胰酶流动而运动，就进行下一步处理，终止消化。

⑤ 加 4～6 mL 培养基，终止消化反应。轻轻吹打混匀细胞后留取 1～2 mL 细胞悬液至培养皿中，再补充培养基，使培养皿中培养基最终量为 10 mL。

⑥ 轻轻前后及左右摇动培养皿，使细胞均匀分散，重新放置于 CO_2 恒温培养箱中 37 ℃

培养。

4. 细胞冻存

① 待细胞密度生长至 80% ~ 90%，进行消化，收集细胞。

② 用真空泵吸走培养基，并用 PBS 润洗细胞，除去残留的培养基和死细胞。

③ 加入胰酶消化（10 cm 培养皿加 1 mL），前后、左右倾斜使胰酶浸润所有细胞表面，将培养皿放入 CO_2 培养箱 37 ℃继续消化 2 ~ 5 min，使细胞脱落。

④ 加入 5 mL 培养基重悬细胞，终止消化，而后转移细胞悬液至 15 mL 离心管，800 rpm，离心 3 min，收集细胞。

⑤ 弃上清，添加适量冻存液，使细胞密度达到约 2×10^6 个细胞/mL，轻柔吹打使细胞悬浮，然后按照 1 mL 每支进行分装。冻存管的外壁上标注清楚细胞系名称、冻存日期及操作人等信息。

⑥ 把冻存管放入细胞冻存盒中，－80 ℃冰箱中放置 1 天后，即可将细胞放入液氮中冻存，做好相应记录。

5. 细胞的倒置显微镜观察

① 打开显微镜电源，调节亮度调节器至适宜。

② 将细胞培养皿置于载物台上，旋转转换器，选择与所使用的相差物镜相适应的环状光阑（如 10 × 相差物镜用 10 × 标示孔的光阑，通常为 Ph1），并调节双目镜的眼间距，使观察时两只眼睛的视野重合。

③ 通过目镜进行观察。调整载物台，选择观察视野。

④ 记录细胞状态（生长情况、细胞形态、污染与否等）。

⑤ 观察结束，取下细胞培养皿，调节亮度调节器至最暗，关闭显微镜电源开关。

⑥ 将细胞放回 CO_2 培养箱继续培养，收拾桌面，将显微镜盖上防尘罩，并做好仪器设备使用记录。

【结果分析】

图 1 - 1 展示了在相差倒置显微镜下观察到的 SKOV - 3 细胞，细胞贴壁，形态铺展，细胞密度适宜。

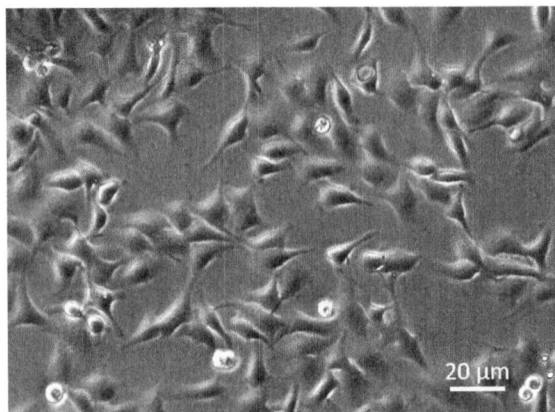

图 1 - 1　贴壁生长的 SKOV - 3 细胞

【注意事项】

① 液氮操作有一定的危险性,打开液氮罐取出细胞时,注意保护自己避免冻伤。

② 细胞复苏时,从液氮中取出的细胞在最短的时间内放入水浴锅,可最大程度减少解冻过程中细胞内形成冰晶,避免影响细胞存活。

③ 冻存管放入水浴锅中解冻时可以用镊子不时晃动,使其受热均匀,但须注意拧紧冻存管盖子,防止水进入冻存管污染细胞。

④ 打开细胞冻存管之前要用酒精棉球将冻存管消毒并晾干。

⑤ 消化过程中,不同的细胞所需消化时间不同,需要根据细胞确定不同的消化时间,避免消化时间过长对细胞造成损伤。在消化过程中可轻轻拍击培养皿侧面,有助于细胞脱壁。

⑥ 有些细胞系对胰酶特别敏感,如 Caov - 3,在细胞消化后重新接种前,需要离心去除胰酶,再留取适量细胞继续培养。

⑦ 80% ~ 90% 密度的细胞处于对数生长期后期,细胞增殖能力强且数量较多,冻存后生存率较高,因此,在进行细胞冻存时,应尽量选择处于这一生长期的细胞进行冻存。

⑧ 为了保证冻存的质量及复苏后细胞的存活率,冻存时应掌握好消化时间,消化过度将对细胞造成损伤,复苏时细胞存活也将受影响。

⑨ 细胞冻存的密度为 2×10^6 个细胞/mL 较为适宜。通常 10 cm 细胞培养皿中长到 90% 的密度大约可冻存 3 支。

⑩ 显微镜使用完毕后一定不要在灯光最亮的时候关闭电源,需要调节到最低的亮度然后再关闭。

⑪ 通常一个 10 倍的物镜可以用作一般详尽的观察,越高倍的物镜所看到的视野则越小。

⑫ 观察时若有细胞培养液等液体溅出到载物台、物镜上等,应及时擦拭处理避免损伤设备。

实验二　细胞培养板接种

【引言】

　　细胞实验通常需要在小体积、少量的细胞样本情况下开展,对于体外培养的细胞,尤其是贴壁细胞,均匀且密度适中的细胞对实验成功和可重复性至关重要。在实验中可依据目标细胞的生长速度和实验需要接种不同的细胞培养板以便对细胞进行培养。细胞培养板是细胞实验常用的实验耗材,种类繁多。依据细胞培养板孔的数目不同,有 6 孔板、12 孔板、24 孔板、48 孔板、96 孔板和 384 孔板等;根据材质不同,有 Terasaki 板和普通细胞培养板等。Terasaki 板主要是用于晶体学研究,产品设计便于对晶体的观察与结构分析。普通细胞培养板主要是聚苯乙烯(PS)材料,其表面经过如多聚 D - 赖氨酸和胶原等处理,便于培养的细胞贴壁生长。此外,细胞培养板的底部形状又有平底(U 型)和圆底(V 型)之分。通常贴壁细胞及悬浮细胞使用平底细胞培养板即可。

　　实验过程中,需要根据所培养细胞的类型、所需细胞的培养体积及不同的实验目的而选择适当的细胞培养板,可更好地达到自己实验需要,提高实验效率。

【目的与要求】

　　① 了解不同规格的细胞培养板。

　　② 通过实践与操作,熟悉并掌握贴壁细胞接种细胞培养板的方法与技巧。

【实验设备与材料】

　　① 实验仪器:生物安全柜,CO_2 培养箱,倒置显微镜,水浴锅。

　　② 实验材料:细胞培养皿,细胞培养板(6 孔板、24 孔板和 96 孔板),移液管,移液器,血球计数板,计数器,EP 管。

　　③ 实验试剂:RPMI - 1640 培养基(含 10% 胎牛血清 + 1% 青/链霉素),0.25% 胰蛋白酶,PBS。

【实验方法】

1. 贴壁细胞接种 24 孔细胞培养板

　　① 从冰箱中提前取出培养基及 PBS 放置于室温或 37 ℃水浴中预热待用;胰酶可临用

前从 4 ℃冰箱中取出。

② 从 CO_2 培养箱中取出细胞,利用胰酶对细胞进行消化:加入胰酶消化(10 cm 培养皿加 1 mL 胰酶),前后、左右倾斜使胰酶浸润所有细胞表面,放回 CO_2 培养箱继续消化 2 ~ 5 min,使细胞脱落。

③ 细胞培养皿中加入 5 mL 培养基重悬细胞,终止消化。利用移液管轻柔吹打细胞,将细胞吹散混匀。

④ 利用血球计数板对细胞悬液中的细胞密度进行计数,计算平板接种细胞所需要的细胞悬液体积(也可以简单地根据细胞生长密度和接种平板所需要的面积,计算出所需要的细胞悬液的体积)。

⑤ 将所需要的细胞悬液转移至一个干净无菌的 50 mL 离心管中,添加培养基至 25 mL,颠倒混匀后,利用移液管将稀释的细胞悬液分别加入 24 孔板中。24 孔板每孔建议接种量为 1 mL。

⑥ 力度适中地通过"画十字"的方式摇动 24 孔板,使细胞在 24 孔板中分布均匀。

⑦ 置入 CO_2 培养箱中静置培养,等待细胞贴壁生长。

2. 悬浮细胞接种 24 孔细胞培养板

① 从冰箱中取出所需培养基,培养基提前放置于室温或 37 ℃水浴中预热待用,将移液管、细胞培养板等耗材放入生物安全柜中备用。

② 用移液管将细胞悬液吹打混匀,吸取少量混匀的细胞悬液用血球计数板进行计数。

③ 依据细胞计数的结果,计算细胞培养板接种所需要的细胞悬液体积。将用于接种平板的细胞悬液转移到 50 mL 离心管中,一般 24 孔板建议接种量为每孔 1 mL,根据需要补加培养基,混匀后利用移液管将细胞悬液接种到细胞培养板的各个孔中。

④ 力度适中地前后左右摇动 24 孔板,使细胞在 24 孔板中分布均匀。

⑤ 置于 CO_2 培养箱中静置培养,等待下一步处理。

3. 血球计数板计数细胞方法

① 在血球计数板中央放置专用的盖玻片(用之前用酒精擦拭干净)。

② 用移液枪或吸管在计数板凹槽处滴入 10 μL 细胞悬液,使盖玻片一侧小室被悬液填充满。

③ 置于显微镜下计数大方格内的细胞数(计数原则:记上不记下,记左不记右),对于细胞团按单个细胞计数。

④ 按下式计算细胞悬液的密度:细胞密度 =(四角大方格细胞总数/4)× 10^4 个/mL。

⑤ 实验结束,用 75% 酒精轻柔擦洗血球计数板及盖玻片,收起备用。

【注意事项】

① 细胞培养板放入培养箱前,建议通过"画十字"的方式来均匀分散细胞,将细胞培养板贴着一块 1.5 mL 离心管架,前后方向来回晃动 6 ~ 8 次,待培养基液面静下来,再沿左右方向晃动 6 ~ 8 次,正好是一个"十"字形。然后小心轻柔放回 CO_2 培养箱,在细胞贴壁前尽量避免再次挪动细胞培养板。

② 注意培养箱的搁板要水平校正,尽量做到水平。如果搁板向一个方向倾斜,对于贴壁时间长的细胞,就算当时摇匀并分散均匀了,后期在重力作用下细胞也会向倾斜的一侧聚集。

③ 培养箱里面或者外面尽量不要放可以产生振动的仪器,比如蠕动泵、离心机、涡旋仪等一类的仪器。这些仪器产生的振动对细胞贴壁有影响,也可能会导致细胞贴壁不均匀。

④ 取样计数前,充分混匀细胞悬液,务必使其分散成单个细胞。

⑤ 显微镜下计数时,遇到 2 个以上的细胞组成的细胞团,应该按单个细胞计算,如果细胞团 >10%,说明细胞分散不充分,建议利用移液器对细胞悬液再适当进行吹打。

⑥ 细胞悬液密度过高时需要进行稀释,理想的细胞悬液,血球计数板一个大方格中细胞数 30 ~ 300 个为宜。

实验三　小鼠肝脏细胞的分离和原代培养

【引言】

原代培养也叫初次培养,通常是指来自供体的组织或细胞在体外进行的首次培养。原代培养的组织或细胞刚刚离体,生物学特性与在体细胞更为接近,能在一定程度上反映体内组织细胞的生长状态和生理机能,因此,原代培养的组织和细胞被广泛地应用于药物测试、细胞分化、信号通路、作用机制等各种研究中。原代培养主要有组织块培养和消化培养等方法。

原代培养是建立各种细胞系的第一步,是从事组织培养的工作人员需要熟悉和掌握的最基本技术。但也要注意,原代培养的细胞常常是由多种细胞组成,成分比较复杂,即使培养的是较纯的单一类型的细胞,如上皮细胞或成纤维细胞,也仍然会存在着一定的异质性,在详细分析该类型细胞的生物学特性时仍需注意。

【目的与要求】

① 了解细胞原代培养的方法。

② 熟悉并掌握两种分离细胞进行原代培养的方法。

一、组织块法

【实验设备与材料】

① 实验仪器:CO_2 培养箱,倒置显微镜,眼科剪,眼科镊。

② 实验材料:新生小鼠(4～6周),细胞培养皿,移液器。

③ 实验试剂:RPMI-1640培养基(含10%胎牛血清+1%青/链霉素),D-Hanks液,碘酒,75%酒精。

【实验方法】

① 用75%酒精棉球擦拭新生小鼠全身3遍。

② 将小鼠移入超净工作台,再用 75% 酒精擦拭 1 次。

③ 脱颈椎法处死小鼠,用碘酒消毒腹部,在眼科镊的辅助下,用眼科剪打开腹腔,取出一叶肝组织,置于培养皿中。

④ 用 D – Hanks 液冲洗肝组织 3 遍,去除血细胞等杂物。

⑤ 将肝组织移入一个 6 cm 培养皿,在肝组织上滴加 0.5 mL 培养基,眼科镊辅助,用眼科剪将肝组织剪成 1 mm³ 左右的小块,并用眼科镊小心将肝组织块均匀分开,小块间距控制在 0.5 cm 左右。

⑥ 吸取少量培养基,沿培养皿壁缓缓加入,培养基的量以恰好能浸润组织块底部但不会使组织块漂浮为佳。将细胞培养皿小心放回 CO_2 培养箱内 37 ℃培养。

⑦ 培养 24 h 后镜检,当观察到有少量细胞从组织块周围游离而出时,即可补充少量培养基。

⑧ 原代培养,每 3 ~ 5 天需更换培养液 1 次,去除漂浮的组织块和死细胞,避免其中有毒物质对原代细胞生长的影响。

【结果分析】

利用倒置显微镜进行观察,培养 24 h 的组织块边沿通常有少量细胞游离出来,并贴壁生长,如图 3 – 1 所示,随着培养时间延长,组织块周围细胞的数量将明显增多。这些细胞的细胞核较大,胞质中内含物少,透明度高,彼此间排列紧密。靠近组织块的细胞胞体较小、较圆,离组织块较远的区域可见有多角形的细胞,体积较大,细胞的形态为不规则圆形或多角形等。

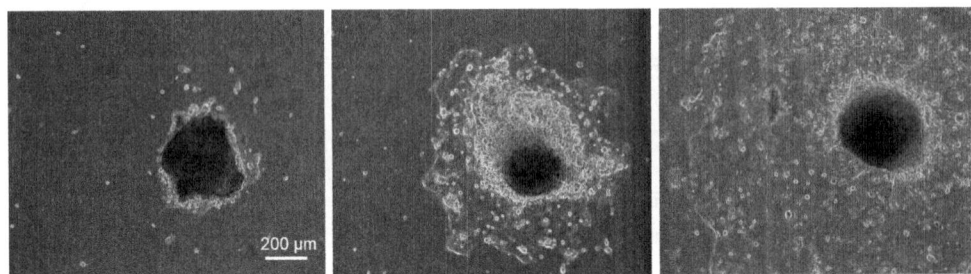

(a)培养 2 天   (b)培养 4 天   (c)培养 7 天

图 3 – 1　肝组织原代培养

【注意事项】

① 组织块法中,D – Hanks 液对肝组织的冲洗要充分,尽量去除血细胞,避免其溶血后对肝细胞的生长产生影响。

② 为避免杂细胞的污染,需用眼科镊将肝组织块上所附的脂肪、结缔组织和血液等杂物尽可能去除。

③ 组织块的体积应尽量控制在 1 mm³ 左右,这样其中心部位的细胞才可获得充足的养分。体积过大的组织块其中心部位细胞常会因营养不足而发生死亡、溶解,从而会对周围细

胞的生长产生影响。

④ 细胞培养皿中组织块摆放的密度不宜过大,否则细胞将会因为营养不足而活性不佳。此外,为了避免组织块漂浮、不贴壁,第一次加入培养基的量要少,在移动和观察细胞时,动作也要轻柔,因为培养基的振荡也会影响组织块的贴壁,使组织块脱落。

⑤ 组织块接种后 1 ~ 3 天,由于游出细胞数很少,组织块的粘贴不牢固,移动细胞培养皿时要特别注意动作轻柔,严禁动作过快或过大使液体产生冲力导致粘贴的组织块漂起,造成原代培养失败。

二、消化法

【实验设备与材料】

① 实验仪器:超净工作台,离心机,CO_2 培养箱,倒置显微镜,眼科剪,眼科镊,水浴箱(37 ℃)。

② 实验材料:新生小鼠(4 ~ 6 周),不锈钢网,细胞培养皿,移液器,三角瓶,血球计数板。

③ 实验试剂:RPMI - 1640 培养基(含 10% 胎牛血清 + 1% 青/链霉素),0.25% 胰蛋白酶,D - Hanks 平衡液,碘酒,75% 酒精。

【实验方法】

① 用 75% 酒精棉球擦拭新生小鼠全身 3 遍,将小鼠移入超净工作台,再用 75% 酒精擦拭 1 次。

② 脱颈椎法处死小鼠,再用碘酒消毒腹部,解剖小鼠取出肝脏放入细胞培养皿中。

③ 用眼科剪、眼科镊去除附着在肝组织上的结缔组织。

④ 将肝组织剪成 1 ~ 2 mm³ 的小块,置于三角瓶中,再加入约 40 倍肝组织量的预热到 37 ℃ 的胰蛋白酶液,将三角瓶放入 37 ℃ 水浴或温箱中,每 5 min 摇动振荡 1 次,使组织细胞分离。

⑤ 待组织变得疏松,颜色略微发白时,吸取少量消化液在倒置显微镜下观察,若组织块已分散成小的细胞团或单个细胞,应立即加入 3 ~ 5 mL RPMI - 1640 培养液(含 10% 胎牛血清)以终止胰蛋白酶消化作用。

⑥ 将分次收集的细胞悬液和消化物通过不锈钢网过滤,去除掉未消化充分的大块组织。

⑦ 将收集的细胞悬液 800 rpm 离心 3 min,去除含胰蛋白酶的上清液。

⑧ 加入 D - Hanks 液 5 mL,重悬细胞,漂洗 1 ~ 2 次,每次 800 rpm 离心 3 min,去除上清液。

⑨ 加入含 10% 胎牛血清的 RPMI - 1640 培养基,轻柔吹打,重悬沉淀的细胞,利用血球计数板计数,按 $5 \times 10^5 \sim 1 \times 10^6$ 个/mL 细胞的密度接种到 25 mL 细胞培养瓶或 6 cm 细胞培养皿,于二氧化碳培养箱内 37 ℃ 培养。

【结果分析】

在倒置显微镜下,刚接种于培养瓶中时,细胞是悬浮于培养液中的,细胞形态均呈现为圆形。24 h后,大多数细胞可贴附于培养瓶底部,胞体伸展后,重新呈现出其肝细胞原有的、不规则多角形上皮性细胞特征;48 h以后,细胞进入增殖期,细胞数量明显增多,在接种的细胞或细胞团周围可见有新生的细胞,这些细胞因内含物少而透明,胞体轮廓通常较浅。96 h以后,新生的细胞可连接成片,同时胞体透明度减弱,轮廓增强,核仁明显可见。

【注意事项】

① 自取材开始,保持所有组织细胞处于无菌条件,严格进行无菌操作,避免细菌、霉菌等的污染,细胞计数可在有菌环境中进行。

② 在选择消化时间时,应考虑到胰蛋白酶的浓度及 pH 对消化效果的影响,胰蛋白酶常用浓度为 0.25% , pH 为 8~9,消化时温度控制在 37 ℃。一般新配制的胰蛋白酶液消化力很强,所以开始时要注意观察,严格限制消化时间,以免消化过度。胰蛋白酶主要适用于消化细胞间质较少的软组织,如肝、肾等组织,但对于纤维性组织和较硬的癌组织的效果较差。

③ 如果需要更长的消化时间,可每隔 5 min 取出 2/3 上清液置入另一离心管,离心去除胰蛋白酶后加入含血清的培养基,再给原三角瓶添加新的胰蛋白酶继续消化。

实验四　神经元的分离、培养和鉴定

【引言】

大量研究表明,神经元是一组复杂多样的细胞。随着对其功能的了解,神经元已逐渐成为神经生物学领域研究的热点。但由于在体内神经元与其他神经细胞混杂存在,妨碍了其生物学功能的研究及应用。因此需要对神经元进行体外培养并纯化,才能深入了解其形态结构和生物学功能。神经元的体外成功培养是研究神经系统生理,病理机制及各种神经递质功能的良好材料。成功分离并培养原代神经元极为重要,原代神经元培养被广泛用于研究不同神经元群体的细胞和分子特性,以及动作电位的产生和突触传递机制,例如阿尔茨海默病、癫痫等,所以培养高纯度和高成熟度的原代神经元变得至关重要。高纯度和高成熟度的原代神经元培养,需要尽可能将其与星形胶质细胞和少突胶质细胞分离。通常,啮齿动物的原代神经元培养是从新鲜分离的胎鼠或乳鼠大脑的皮层及海马中获得。本实验将乳鼠大脑的皮层及海马区域解离至单细胞悬液,利用神经元特异培养基筛选,去除其他细胞,最终获得高纯度神经元。

【目的与要求】

① 了解神经元的形态及功能特点。

② 熟悉并掌握神经元分离,培养和鉴定的方法。

【实验设备与材料】

① 实验仪器:生物安全柜,CO_2 培养箱,倒置显微镜,水浴锅,摇床,眼科剪,直剪,镊子,手术刀。

② 实验材料:新生 24 h 内 C57BL/6 乳鼠,细胞培养皿,移液器,血球计数板,计数器,离心管,24 孔细胞培养板,盖玻片。

③ 实验试剂:超纯水,多聚赖氨酸(poly – D – lysine,PDL),PBS,10%马血清 PBS 溶液(4 mL),running buffer,0.3% 的 Triton X – 100 PBS(PBST)溶液,种植培养基,神经元培养基,青/链霉素,神经解离试剂盒(Neural tissue dissociation Kit:Enzyme P,Enzyme A,Buffer X,

Buffer Y），HBSS。

10%马血清PBS溶液（4 mL）：PBS 3.6 mL + 马血清400 μL（现用现配，配好后置于4 ℃备用）。

running buffer：50 mL PBS + 250 mg BSA。

0.3%的Triton X - 100 PBS（PBST）溶液：取600 μL Triton X - 100加入200 mL PBS中，于室温在涡旋仪上用转子搅拌溶解，然后保存于4 ℃。

种植培养基：DMEM/F12 + 10%马血清。

神经元培养基：Neurobasal medium + 1%青霉素/链霉素 + 2% B27 + 1% Glutamax。

【实验方法】

1. 实验前准备

① 水浴锅设置温度：37 ℃。

② 包被板：将盖玻片用镊子放入24孔细胞培养板中，每孔加入500 μL PDL，置于37 ℃ CO_2 培养箱2 h或4 ℃冰箱过夜（加入细胞悬液前0.5 h，吸出丢弃PDL，每孔用1 mL超纯水洗2遍，晾干）。

2. 神经元的分离及培养

① 配置solution I（现用现配）。

一只成年鼠或4只新生鼠用量：Enzyme P（50 μL）+ Buffer X（1900 μL）。

缠上封口膜，上下颠倒混匀，将含有solution I的离心管放在PE手套中，37 ℃水浴15 min。

② 将乳鼠置于酒精烧杯中消毒，用直剪将脑剪下，剥出海马及皮层置于预冷的含5 mL HBSS的培养皿中，无菌手术刀将其切碎（每只脑50下为准），置入15 mL离心管，300 g，离心2 min。

③ 弃上清（保留少量溶液），将沉淀摇散，加入solution I，颠倒混匀后置于37 ℃，转速为70 rpm的摇床振荡孵育15 min。

④ 配置solution II（现用现配并置于冰上）。

一只成年鼠或4只新生鼠用量：Enzyme A（10 μL）+ Buffer Y（20 μL）。

⑤ 加solution II，上下颠倒混匀，用1 mL带滤芯的移液器吸头吹打（以完全吸30次为准）后置于37 ℃，70 rpm摇床振荡孵育15 min。

⑥ 继续吹打，加10 μL酶A，继续37 ℃，70 rpm摇床振荡孵育10 min。

⑦ 吹打，取50 mL离心管和70 μm滤网，将细胞悬液旋转缓慢过滤并收集到50 mL离心管，最后用HBSS补齐至20 mL。

⑧ 离心300 g，10 min，弃上清。用20 mL running buffer重悬细胞，计数。

⑨ 离心300 g，10 min（离心的同时计数），弃上清。

⑩ 种植培养基重悬细胞,接种细胞到 24 孔细胞培养板(每孔 1 mL 培养基,2×10^5 细胞)。

⑪ 4~6 h 后观察神经元的贴壁状态,此时大部分细胞已全部贴壁,吸出丢弃种植培养基,每孔 1 mL HBSS 洗两遍,加入 1 mL 神经元培养基。

3. 神经元免疫化学染色鉴定

本实验建议以 Tuj1 作为神经元轴突的标记物,能够清晰反映神经元的形态。以 Tuj1 抗小鼠抗体免疫荧光染色法鉴定神经元。

① 固定。

除去 24 孔板每孔中 90% 的培养基,每孔加入 500 μL 4% 多聚甲醛,室温孵育 30 min 后除去多聚甲醛(多聚甲醛刺激性强,需要在通风橱中操作)。

② PBS 清洗 3×5 min。

每孔加入 1 mL PBS,放在水平摇床上,转速调到最低,轻摇。

③ 透化。

24 孔板中,除去 PBS 后每孔加入 500 μL 0.3% Triton X - 100 PBS 溶液(保存于 4 ℃冰箱),室温孵育 15 min。

④ PBS 清洗 3×5 min,每孔加入 1 mL PBS,放在水平摇床上,转速调至最低,轻摇。

⑤ 封闭及一抗孵育。

封闭液配制:用 PBS 配置 10% 马血清(现用现配,4 ℃待用),一抗用封闭液稀释到合适浓度。本实验选用 Tuj1 抗体,稀释比例 1:500,鼠抗。每孔加入 250 μL(要没过盖玻片),4 ℃孵育过夜(可至次日晚上)。

⑥ PBS 清洗 3×5 min,每孔加入 1 mL PBS,放在水平摇床上,转速调至最低,轻摇。

⑦ 二抗(自二抗取出开始全程需要避光操作)在 2% 马血清中稀释,每孔加入 250 μL(要没过盖玻片),室温孵育 60 min。

⑧ PBS 清洗 3×5 min,每孔加入 1 mL PBS,放在水平摇床上,转速调至最低,轻摇。

⑨ 过水。

每孔加入 1 mL 双蒸水清洗,吸出丢弃双蒸水,取出盖玻片(专用尖头镊子)将有细胞的面朝上放置在载玻片存放板的边沿处晾干(5 min)(注意盖玻片有细胞的那一面朝上,避免颠倒!)。

⑩ 封片。

取载玻片写清楚实验样本,抗体及标记颜色,实验人和日期,在载玻片中间用 20 μL 量程移液器小心滴加一滴水溶性封片剂,将盖玻片含有细胞一侧轻轻扣于载玻片上(尽量不要产生气泡),将封好的载玻片放入存放板中室温平置(避免移动)过夜后显微观察拍照,4 ℃保存(为防止荧光猝灭,尽量在 3 天内完成拍照)。

【结果分析】

镜检:荧光显微镜下观察,神经元细胞质及轴突呈现较强绿色荧光(图 4 - 1)。

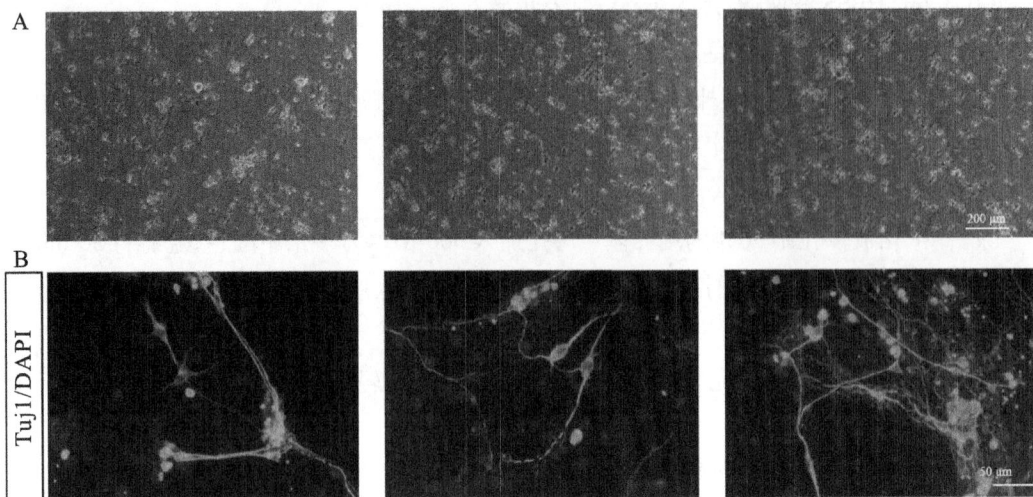

A—倒置显微镜下观察神经元,培养第 4 天(10 ×);B—采用 Tuj1 一抗及 Alexa Fluor 488 标记山羊抗小鼠 IgG 二抗对培养的神经元细胞免疫荧光染色(DAPI 染核,40 ×)。

图 4 - 1 神经元细胞的培养与鉴定

【注意事项】

① 为保持细胞活性,在生物安全柜中的操作均需置于冰上进行;实验所需试剂也均需置于冰盒中;剥离脑组织及切碎过程应迅速敏捷,在尽可能短的时间内完成实验操作。

② 尽量使用出生于 24 h 内的乳鼠,此时的皮层及海马区域细胞数较多,且易存活。

③ 在生物安全柜中换液时,应一个孔加好培养基再吸出丢弃另外一孔。避免盖玻片上细胞长时间暴露于空气中。

④ 免疫荧光染色实验,稀释抗体应全程置于冰盒中,自使用二抗起开始避光操作。

实验五　少突胶质前体细胞的分离、培养和鉴定

【引言】

少突胶质细胞谱系细胞包括少突胶质细胞前体细胞（OPCs）和少突胶质细胞（OLs），OPCs 呈双极形状，约占中枢神经系统（CNS）神经胶质细胞群的 5%～8%。OPCs 是一种异质的多能群体，在胚胎发生过程中出现，并作为成人脑实质的常驻细胞持续存在。OPCs 起源于大脑和脊髓的心室区，并在整个发育中的 CNS 中迁移，然后分化为 OLs。OPCs 的分化过程受到转录水平和表观遗传学的严格调控，其中转录因子 SOX9，SOX10，OLIG1 和 OLIG2 控制 OPCs 分化的各个阶段。OPCs 首先在啮齿动物的胚胎第 12～14 天（E12～14）表达血小板衍生生长因子受体 α（PDGFRα）。在 E 17 阶段，所有 OPCs 细胞也表现为 NG2 免疫阳性。随着 OPCs 细胞成熟为 OLs，它们逐渐失去以上抗原的表达，并进入 O4 免疫反应性识别的中间少突胶质细胞阶段。最终表达成熟和完全分化的少突胶质细胞的标记，如 2′,3′－环核苷酸磷酸水解酶（CNPase），髓鞘碱性蛋白（MBP），蛋白脂蛋白（PLP）和髓鞘少突胶质细胞糖蛋白（MOG）。

OLs 可形成中枢神经系统髓鞘，对轴突正常快速电传导等功能具有重要作用。而脱髓鞘性损伤是多发性硬化症，阿尔兹海默病，帕金森病等多种中枢神经系统疾病共有的病理特征。然而，脱髓鞘损伤微环境中，OPCs 增殖被激活而分化被抑制。因此，有必要深入研究 OPCs 的细胞生物学。体外培养的 OPCs 与其在体特性极其相关，通过体外培养研究可以了解到 OPCs 的存活，增殖，分化以及发育过程中细胞的生物化学变化等同时加深理解生长因子，转录因子对 OPCs 的调节以及基因的表达。这些实验均需要大量的 OPCs，因此纯化 OPCs 是开展这些实验的重要前提。而进一步选择合适的条件对 OPCs 进行培养也是至关重要的一环，最后再根据 OPCs 表达的标志物如 PDGFRα 对其进行鉴定。

【目的与要求】

① 掌握 OPCs 分离的一般方法，步骤以及注意事项。

② 掌握 OPCs 培养的基本方法。

③ 掌握 OPCs 鉴定的一般方法和步骤。

【实验设备与材料】

① 实验仪器:灭菌锅,生物安全柜,CO_2 培养箱,离心机,倒置显微镜,水浴锅,4 ℃ 冰箱,−20 ℃ 冰箱,摇床,精密天平,磁力架,弯镊,眼科剪,手术刀,显微剪,通风橱。

② 实验材料:烧杯,细胞培养皿,15 mL 离心管,50 mL 离心管,1.5 mL EP 管,移液器,LS 柱,细胞计数板,70 μm 滤网,0.22 μm 滤器,20 mL 注射器。

③ 实验试剂:PBS,75% 酒精,Bovine Serum Albumin(BSA),Hank's 平衡盐溶液(HBSS),新生鼠解离试剂盒,CD140a 磁珠,台盼蓝,DMEM/F12 培养基,N2,B27,B104 细胞上清,0.3% 的 Triton X − 100 PBS(PBST)溶液,10% 马血清 PBS 溶液(4 mL),running buffer,PDGFRα 一抗抗体,二抗,DAPI,封片剂,多聚甲醛,超纯水,多聚赖氨酸(poly − D − lysine,PDL)。

0.3% 的 Triton X − 100 PBS(PBST)溶液:取 600 μL Triton X − 100 加入 200 mL PBS 中,于室温在涡旋仪上用转子搅拌溶解,然后保存于 4 ℃。

10% 马血清 PBS 溶液(4 mL):PBS 3.6 mL + 马血清 400 μL(现用现配,配好后置于 4 ℃ 备用)。

running buffer:称取 250 mg 的 BSA 粉末,加入已灭菌的 PBS 溶液 40 mL,在磁力搅拌器上搅拌直至 BSA 粉末完全溶解于 PBS 中后,定容至 50 mL,使用 0.22 μm 无菌滤器过滤至新离心管中备用。

【实验方法】

1. OPCs 细胞分离

(1)OPCs 增殖培养基配置

① 准备冰盒,提前取出 N2,B27 以及 B104 细胞上清置于冰上解冻。

② 生物安全柜中摆放好消毒过的移液管,离心管,0.22 μm 滤器,培养基,废液缸等耗材和试剂。

③ 将注射器和滤器封口拆开,根据配方 1% N2,2% B27,50% B104 细胞上清,DMEM/F12 培养基补齐配置 OPCs 增殖培养基。

④ 使用注射器以及滤器对配置好的培养基进行过滤,4 ℃ 冰箱备用。

(2)包被盖玻片

提前 2 h 在细胞培养皿中放置入盖玻片,加入 500 μL PDL 进行包被,2 h 后使用超纯水洗 2 次,放置晾干以备用。

(3)准备工具

① 在分离细胞前一天将工具(弯镊,眼科剪,手术刀柄,显微剪)置于高温灭菌锅高温灭菌 60 min,灭菌后转移至烘箱。

② 分离细胞前将水浴锅打开,调至 37 ℃;将摇床打开,调至 70 rpm,37 ℃。

③ 准备冰盒用于放置实验过程中的试剂如：HBSS，running buffer 等。

④ 准备含75%酒精的小烧杯。

（4）全脑总细胞的分离

① 准备所需新生鼠，将无菌手术刀与其余经过灭菌处理的工具放置于生物安全柜中，在 6 cm 培养皿中加入 5 mL 预冷的 HBSS，置于冰上。

② 配制 solution I。单只鼠用量：Enzyme P 50 μL + Buffer X 1900 μL，随后置于 37 ℃ 水浴锅 15 min。

③ 将新生鼠放入含75%酒精的小烧杯中 5 ~ 6 s，随后迅速将脑取出置于含 HBSS 的皿中，之后用无菌手术刀片将脑组织切碎，转移至新的 15 mL 离心管。

④ 4 ℃ 离心机，300 g，离心 2 min，弃去上清（尽量将上清弃去），随后摇散沉淀，将已预热的 solution I 加入离心管中，温和上下颠倒 4 ~ 6 次，置于摇床 70 rpm，37 ℃，15 min。

⑤ 配制 solution II。单只鼠用量：Enzyme A 10 μL + Buffer Y 20 μL，置于冰上备用。

⑥ 加入配好的 solution II，上下颠倒 4 ~ 6 次，随后用移液器吹打液体为悬浊液，置于摇床 70 rpm，37 ℃，15 min。

⑦ 加入 10 μL Enzyme A，上下颠倒 4 ~ 6 次，再次用移液器吹打液体直至看不到明显组织块的存在，置于摇床 70 rpm，37 ℃，10 min。

⑧ 准备 70 μm 滤网置于 50 mL 离心管上，将上述液体通过滤网过滤，最后用 HBSS 补齐至 20 mL，4 ℃ 离心机，300 g 离心 10 min，弃去上清（动作要轻柔以防将细胞沉淀倒出）。

⑨ 使用 20 mL running buffer 重悬细胞沉淀，取出 10 μL 悬液 + 190 μL 台盼蓝，计数，300 g 离心 10 min 后，弃上清。

（5）抗体孵育（使用 PDGFRα MicroBead Kit）

① 按每 10^7 细胞加入 80 μL running buffer 进行重悬，按照每 10^7 细胞加入 10 μL FcR Blocking Reagent，混匀后在 4 ℃ 冰箱避光孵育 10 min。

② 按照每 10^7 细胞加入 10 μL PDGFRα MicroBeads，混匀后 4 ℃ 冰箱避光孵育 15 min。

③ 按照每 10^7 细胞加入 1 ~ 2 mL running buffer 混匀后 300 g 离心 10 min，弃上清，然后用 2 mL running buffer 重悬沉淀。

（6）磁珠分选

① 将 LS 柱放在磁力架上并固定好，随后用 3 mL running buffer 缓慢地加入 LS 柱中进行润洗。将 2 mL 重悬的细胞悬液缓慢加至 LS 柱上，滴下的为阴性细胞。

② 3 mL running buffer 润洗 LS 柱，重复三次，在 LS 柱内液体流完之前及时加入新的 running buffer，避免柱内流空。

③ 将 LS 柱子从磁力架上取下，立即放置在新的 15 mL 离心管上，向柱子中加入 5 mL running buffer，接着迅速用配套的柱塞将被磁力特异性吸附在柱内的细胞推至离心管中。

④ 300 g 离心 10 min,弃去上清,用培养基重悬细胞并计数,最后根据实验需要以合适的细胞密度铺板。

2. OPCs 细胞培养

① 将细胞培养皿中的 OPCs 放入 CO_2 培养箱中培养,24 h 后观察细胞贴壁情况。

② 细胞贴壁后观察细胞密度,一般贴壁后 1～2 天可进行后续实验。

3. OPCs 细胞的鉴定

① 固定:除去 24 孔板每孔中 90% 的培养基,每孔加入 500 μL 4% 多聚甲醛,室温孵育 30 min 后除去多聚甲醛,PBS 清洗 3×5 min。每孔加入 1 mL PBS,放在水平摇床上,转速调至最低,轻摇。

② 透化:24 孔板中,除去 PBS 后每孔加入 500 μL 0.3% Triton X – 100 PBS 溶液,室温孵育 15 min 除去溶液,PBS 清洗 3×5 min。

③ 封闭及一抗孵育:封闭液配制(使用 PBS 配置 10 % 马血清),一抗(PDGFRα 抗体)用封闭液稀释到合适浓度,每孔加入 250 μL,4 ℃孵育过夜。

④ PBS 清洗 3×5 min。

⑤ 二抗孵育:二抗(根据实验需要的荧光颜色选择)在 2 % 马血清中稀释,每孔加入 250 μL,室温孵育 60 min,PBS 清洗 3×5 min。

⑥ DAPI 染色:使用即用型 DAPI 染料室温孵育 5 min(或直接使用含 DAPI 的封片剂封片,可忽略⑦～⑨步骤)。

⑦ PBS 清洗 3×5 min。

⑧ 过水:每孔加入 1 mL 双蒸水清洗,吸出丢弃双蒸水,取出盖玻片,将有细胞的面朝上放置在载玻片存放板的边沿处晾干(5 min)。

⑨ 封片并在荧光显微镜下拍照。

【结果分析】

使用 PDGFRα 抗体对 OPCs 进行鉴定(DAPI 染核)。镜检,荧光显微镜下可见分离得到的 OPCs 表面呈现荧光(图 5 – 1)。

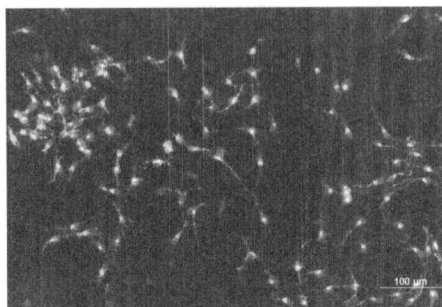

图 5 – 1　OPCs 的鉴定

【注意事项】

① 拆卸刀片时有一定危险性,注意不要碰到刀尖及刀刃。

② 4 只新生鼠可用单只成年鼠的量

③ 已预热的 solution I 不要再放到冰上,保证酶活力最大。

④ 细胞接种入平板时注意使细胞均匀分布在培养孔中。

⑤ 注意防止盖玻片漂浮于液体表面。

⑥ 注意多聚甲醛刺激性强,使用时需要在通风橱中操作。

⑦ 加入 PBS 要轻柔,避免用力冲洗盖玻片。

⑧ DAPI 具有潜在的危险性,在操作过程中应避免接触皮肤。

实验六　小胶质细胞的分离、培养和鉴定

【引言】

在中枢神经系统中,小胶质细胞占所有胶质细胞的 10% ~ 15%,被称为中枢神经系统的驻留巨噬细胞,分稳态型及非稳态型,稳态型小胶质细胞通常分泌 Arg - 1 等抗炎因子,非稳态型小胶质细胞通常分泌 iNOS、IL - 1β 等炎性因子。小胶质细胞可与中枢神经系统中的许多其他细胞相互作用,包括神经元、星形胶质细胞和少突胶质细胞。在神经再生过程中,小胶质细胞为神经元提供营养支持,同时还能够参与神经元胞外基质的形成和代谢,为神经元生存和功能维护提供了必要的物质基础。此外,小胶质细胞参与胶质细胞的再分化,并在神经干细胞的分化和发育过程中也起着重要作用。

小胶质细胞还是中枢神经系统中含量最丰富的单核吞噬细胞。其作为中枢神经系统中专业吞噬细胞,会对大的细胞外颗粒进行识别、吞噬和消化,这是一种受体介导的过程,对中枢神经系统的发育和大脑稳态的维持至关重要。

小胶质细胞是正常大脑发育不可或缺的,能够调节大脑发育、神经元网络的维持和损伤修复,在多种疾病的发生及发展中具有关键作用,如阿尔茨海默病、帕金森病、精神分裂症、自闭症和多发性硬化症等。因此,研究小胶质细胞的生物学功能至关重要。可以通过提取原代小胶质细胞,在体外条件下进行培养,在此基础上研究其功能及作用机制。

【目的与要求】

① 了解原代小胶质细胞的分离方法与步骤。

② 掌握并了解原代小胶质细胞的培养。

【实验设备与材料】

① 实验仪器:生物安全柜,CO_2 培养箱,离心机,倒置显微镜,小剪刀,弯镊,直镊,手术刀,水浴锅,摇床,精密天平。

② 实验材料:15 mL 离心管,移液器,LS 柱中转盒,70 μm 滤网,LS 柱,磁力架,0.22 μm 无菌滤器。

③ 实验试剂:DMEM 培养液(含 10% 血清 + 1% 双抗 + 1% 谷氨酰胺 + 5 ng/mL M - CSF),无菌 PBS,75% 酒精,HBSS 缓冲液,running buffer,Neural Tissue Dissociation Kit,BSA。

running buffer：称取 250 mg 的 BSA 粉末，加入已灭菌的 PBS 溶液 40 mL，在磁力搅拌器上搅拌直至 BSA 粉末完全溶解，定容至 50 mL，使用 0.22 μm 无菌滤器过滤至新离心管中备用。

【实验方法】

1. 全脑总细胞的分离（使用 Neural Tissue Dissociation Kit）

① 配制 solution Ⅰ：Enzyme P 50 μL + Buffer X 1900 μL，随后置于 37 ℃ 水浴锅 15 min。

② 将新生鼠放入含 75% 酒精的小烧杯中 5 ~ 6 s，随后迅速将脑取出置于含 HBSS 的培养皿中，之后用无菌手术刀片将脑切碎，转移至 15 mL 离心管。

③ 4 ℃ 离心机，300 g，离心 2 min，弃去上清，随后摇散沉淀。

④ 将已预热的 solution Ⅰ 加入离心管中，温和上下颠倒 4 ~ 6 次，置于摇床 70 rpm、37 ℃，15 min。

⑤ 配制 solution Ⅱ：Enzyme A 10 μL + Buffer Y 20 μL，置于冰上备用，加入配好的 solution Ⅱ，上下颠倒 4 ~ 6 次，随后用移液器吹打直至看不见明显组织块，置于摇床 70 rpm、37 ℃，15 min。

⑥ 加入 10 μL Enzyme A，上下颠倒 4 ~ 6 次，随后用移液枪混匀，置于摇床 70 rpm、37 ℃，10 min。

⑦ 将 70 μm 滤网置于 50 mL 离心管上，将上述液体通过滤网过滤后，使用 5 mL HBSS 润洗离心管，随后将润洗的液体通过滤网过滤，最后用 HBSS 补齐至 20 mL。

⑧ 4 ℃ 离心机，300 g 离心 10 min，弃去上清。

⑨ 使用 20 mL running buffer 重悬细胞沉淀，取出 10 μL 悬液 + 190 μL 台盼蓝，以备计数。

⑩ 300 g 离心 10 min 后，弃上清。

2. 抗体孵育（使用 CD11b MicroBeads）

① 按每 10^7 细胞加入 90 μL running buffer 进行重悬。

② 之后按照每 10^7 细胞加入 10 μL CD11b MicroBeads，混匀后 4 ℃ 冰箱避光孵育 15 min。

③ 按照每 10^7 细胞加入 1 ~ 2 mL running buffer，混匀后 300 g 离心 10 min，弃上清。

④ 最后用 2 mL running buffer 重悬细胞沉淀。

3. 磁珠分选

① 将 LS 柱放在磁力架上并固定好，随后用 3 mL running buffer 缓慢地加入 LS 柱中进行润洗。

② 将 2 mL 重悬的细胞悬液缓慢加至 LS 柱，此时流出得到的细胞为 CD11b 阴性细胞。

③ 随后用 3 mL running buffer 润洗 LS 柱，重复三次，在 LS 柱内液体流完之前及时加入新的 running buffer，防止柱内变空。

④ 将 LS 柱子从磁力架上取出，随即放置在新的 15 mL 离心管上，向柱子中加入 5 mL running buffer，接着用配套的柱塞将被磁力特异性吸附的细胞迅速推至离心管中，得到阳性

细胞。

【结果分析】

在免疫荧光染色中,使用 CD11b 抗体对小胶质细胞进行染色后,可以观察到细胞表面 CD11b 蛋白的特异性结合(图 6 - 1),染色结果有助于识别和区分小胶质细胞,同时可对细胞的形态进行观察与分析。

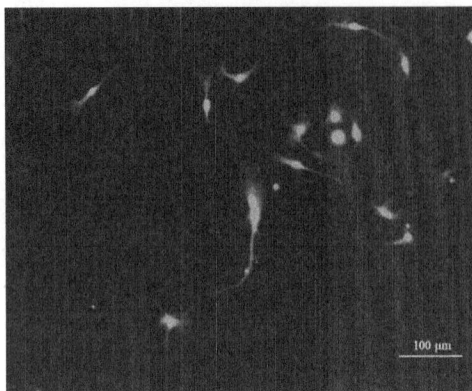

图 6 - 1　小胶质细胞的鉴定

【注意事项】

① 选择 3 天以内新生鼠。

② 在分离细胞前一天将工具(弯镊,眼科剪,手术刀柄,显微剪)置于高温灭菌锅高温灭菌 60 min,灭菌后转移至烘箱。

③ 分离细胞前将水浴锅打开,调至 37 ℃;将摇床打开,调至 70 rpm、37 ℃。

实验七　星形胶质细胞的分离、培养和鉴定

【引言】

在中枢神经系统中,星形胶质细胞在各种功能中起着关键作用,也是数量最多的神经细胞类型。星形胶质细胞占据整个中枢神经系统,它们被广泛认为具有支持神经元的功能。然而,已知它们积极参与许多 CNS 生理及病理过程,并可能在神经退行性疾病中发挥重要作用。大量研究表明,星形胶质细胞是一组复杂多样的细胞。传统研究大多把焦点集中在神经元上,认为星形胶质细胞只对神经元起营养支持作用,而对神经信号的传递和处理不起作用。现已证实星形胶质细胞在中枢神经系统的发育及病理生理过程中起重要作用,如具有摄取、灭活和供给神经递质、抗氧化、营养修复以及抑制神经元过度兴奋的功能,并参与了学习和记忆等脑的高级功能活动,针对以上功能的研究加深了对星形胶质细胞的功能认识。随着对其功能的了解,使得星形胶质细胞已逐渐成为神经生物学领域研究的热点。但由于在体内星形胶质细胞与其他神经细胞混杂存在,妨碍了其生物学功能的研究及应用。因此需要对星形胶质细胞进行体外纯化并培养,才能深入了解其形态结构和生物学功能。本实验利用星形胶质细胞、少突胶质细胞和小胶质细胞生长存在时间上的差异、细胞生长方式及细胞对培养层黏附性不同等特性,用 37 ℃恒温摇床从培养的皮层来源的混合胶质细胞中去除少突胶质细胞和小胶质细胞,其中星形胶质细胞的贴附力最强。用这种方法获得的星形胶质细胞纯度很高(95% 以上),且细胞具有较好的增殖能力。

【目的与要求】

① 了解星形胶质细胞的形态及功能特点。

② 熟悉并掌握星形胶质细胞分离,培养和鉴定的方法。

【实验设备与材料】

① 实验仪器:生物安全柜,CO_2 培养箱,倒置显微镜,水浴锅,摇床,直剪,眼科剪,镊子,

手术刀,离心管。

② 实验材料:细胞培养皿,移液器,血球计数板,计数器,EP 管,T-75 透气培养瓶。

③ 实验试剂:培养基,PBS,胰酶,胎牛血清,PDL(1×多聚赖氨酸),青/链霉素,神经解离试剂盒(Enzyme P,Enzyme A,Buffer X,Buffer Y),HBSS,MGM 培养基(50 mL),10% 马血清 PBS 溶液(4 mL),0.3% 的 Triton X-100 PBS(PBST)溶液。

HBSS:50 mL PBS + 250 mg BSA。

MGM 培养基(50 mL):44 mL DMEM + 5 mL FBS + 0.5 mL L-谷氨酰胺 + 0.5 mL 青/链霉素。

10% 马血清 PBS 溶液(4 mL):PBS 3.6 mL + 马血清 400 μL(现用现配,配好后置于 4 ℃备用)。

0.3% 的 Triton X-100 PBS(PBST)溶液:取 600 μL TritonX-100 加入 200 mL PBS 中,于室温在涡旋仪上用转子搅拌溶解,然后保存于 4 ℃。

【实验方法】

1. 星形胶质细胞的解离

实验前准备:实验开始前先将摇床打开,将温度和转速设置好,提前升温至 37 ℃。

① 配制 solution I(现配现用):1.9 mL Buffer X + 50 μL Enzyme P,37 ℃水浴预热 15 min。

② 新生鼠引颈处死,剪下脑,用剪刀和镊子暴露出脑,取出置于提前装好少量 HBSS 的 6 cm 培养皿中。将皿倾斜,使组织聚集在一边,将脑和脊髓一起用手术刀片划碎(每只脑 50 下为准),用剪掉前端(剪 1.5 cm 左右)的 1 mL 移液器吸头转移到 50 mL 离心管中,300 g,离心 2 min,轻缓倒去上清。

③ 将沉淀拍散,加预热好的 solution I 1.95 mL,颠倒混匀,37 ℃摇床,15 min,70 rpm。

④ 配制 solution II(现配现用):20 μL Buffer Y + 10 μL Enzyme A。

⑤ 加 solutionII 30 μL,上下颠倒混匀,用 1 mL 尾端与移液器接触的位置填充棉球的移液器吸头吹打,以完全吸 15 次为准,37 ℃摇床,15 min,70 rpm。

⑥ 再用移液器吸头完全吹打 15 次,37 ℃摇床,10 min,70 rpm。

⑦ 过 100 μm 滤网,用 PBS 冲洗滤网,离心管倾斜 45°,加 PBS 到一定体积,计数。300 g 离心 10 min 收集细胞,以备进一步细胞纯化。

2. 星形胶质细胞的纯化

实验前准备:提前一天晚上,将 T-75 透气培养瓶用 5 mL PDL(1×多聚赖氨酸)包被,4 ℃过夜,或者 37 ℃培养箱培养 2 h。使用前提前半小时吸出 PDL,用纯净水洗 1 次晾干。

① 离心的细胞用 9 mL MGM 培养基重悬并接种于上述准备好的培养瓶中(第 0 天)。

② 第 1 天,更换新鲜 MGM 培养基。

③ 第 4 天,更换新鲜 MGM 培养基。

④ 第 7 天,更换新鲜 MGM 培养基。当天晚上将培养瓶放置在 220 rpm 的轨道摇床上,37 ℃过夜,以从强烈黏附的星形胶质细胞中除去松散黏附的 OPCs、microglia 和其他杂质细胞。

3. 星形胶质细胞的免疫荧光染色鉴定

本实验建议以 GFAP 作为星形胶质细胞的标记物,能够清晰反映星形胶质细胞的形态。以 GFAP 抗小鼠抗体免疫荧光染色法鉴定星形胶质细胞。

① 固定。

除去 24 孔板每孔中 90% 的培养基,每孔加入 500 μL 4% 多聚甲醛,室温孵育 30 min 后除去多聚甲醛(多聚甲醛刺激性强,需要在通风橱中操作)。

② PBS 清洗 3 次,每次 5 min。

每孔加入 1 mL PBS,放在水平摇床上,转速调至最低,轻摇。

③ 透化。

24 孔板中,除去 PBS 后每孔加入 500 μL 0.3% Triton X – 100 PBS 溶液(保存于 4 ℃冰箱),室温孵育 15 min 除去。

④ PBS 清洗 3 次,每次 5 min,每孔加入 1 mL PBS,放在水平摇床上,转速调至最低,轻摇。

⑤ 封闭及一抗孵育。

封闭液配制:10 % 马血清溶于 PBS 中(现用现配,4 ℃待用),一抗用封闭液稀释到合适浓度(Stock 抗体使用时需要一直置于冰盒,一抗配置好后要放置在冰盒或 4 ℃待用)每孔加入 250 μL(要没过盖玻片),4 ℃孵育过夜(可至次日晚上)。

⑥ PBS 清洗 3 次,每次 5 min,每孔加入 1 mL PBS,放在水平摇床上,转速调至最低,轻摇。

⑦ 二抗(自二抗取出开始全程需要避光操作)。

二抗在 2% 马血清中稀释(Stock 抗体使用时需要一直置于冰盒,二抗配置好后要放置在冰盒或 4 ℃待用),每孔加入 250 μL ,室温孵育 60 min。

⑧ PBS 清洗 3 次,每次 5 min,每孔加入 1 mL PBS,放在水平摇床上,转速调至最低,轻摇。

⑨ 过水。

每孔加入 1 mL 无菌水清洗,吸出丢弃无菌水,取出盖玻片(专用尖头镊子)将有细胞的一侧向上放置在载玻片存放板的边沿处晾干(5 min)。

⑩ 封片。

取载玻片写清楚实验样本、抗体及标记颜色、实验人和日期,在载玻片中间用 20 μL 量程移液器小心滴加一滴水溶性封片剂,将盖玻片附有细胞一侧轻轻扣于载玻片上(尽量不要产生气泡),将封好的载玻片放入载玻片存放板中室温平置(避免移动)过夜后显微观察拍照,4 ℃保存(为防止荧光猝灭,尽量在 3 天内完成拍照)。

【结果分析】

镜检:荧光显微镜下观察,胶质细胞胞质呈现较强绿色荧光(图 7 − 1)。

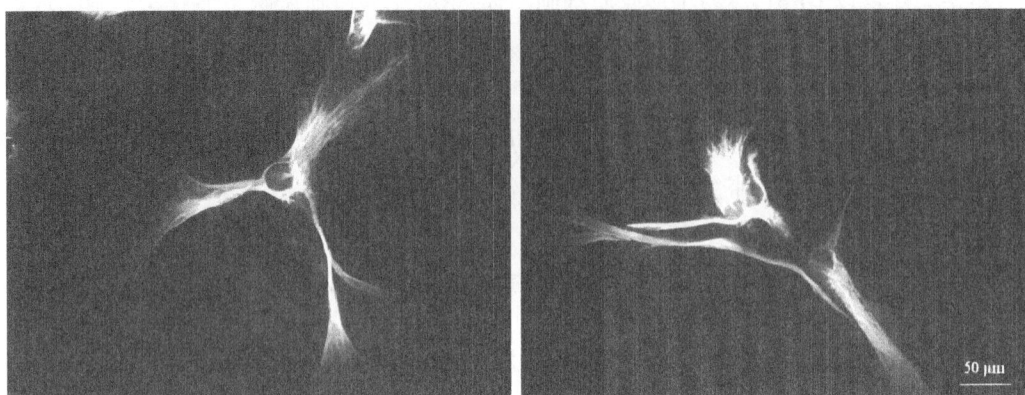

图 7 − 1　采用 GFAP 一抗及 Alexa Fluor 488 标记山羊抗小鼠 IgG 二抗
对培养的星形胶质细胞免疫荧光染色(40 ×)

【注意事项】

① 选择原代培养用的动物时,尽量使用出生 0 ~ 3 天内的新生鼠,此时的皮层星形胶质细胞数最较多,且易存活。

② 摇床过夜纯化细胞时注意用封口膜将瓶口封死,避免污染和漏气。

③ 严格控制星形胶质细胞的培养条件。

实验八　树突状细胞的分离、成熟和激活

【引言】

树突状细胞最初由 Steinman 和 Cohn 于 1973 年在小鼠脾脏中发现,是一种免疫细胞,存在于淋巴组织和皮肤中,作为免疫系统的第一道防线,具有调控免疫反应的作用,帮助身体识别和清除感染病原体。

树突状细胞因其表面突起而得名,作为机体内专业的抗原递呈细胞,连接着先天性和适应性免疫应答,并在适应性免疫的起始和发展中起关键作用。树突状细胞来源于骨髓,并通过血液循环分布到淋巴组织(淋巴结、脾脏)以及非淋巴组织(皮肤、肺、肠道)。它们可以促进 T 细胞的活化和分化,诱发免疫反应,同时也可以在机体内调节免疫应答,防止自身免疫反应攻击身体健康组织。因此,树突状细胞是免疫系统中非常重要的一部分。

在病理条件下,树突状细胞的生理功能受到严重影响。在肿瘤微环境中,存在各种作用于树突状细胞的抑制性细胞因子,导致树突状细胞功能异常,进而使肿瘤细胞逃脱免疫系统的监视。随着对树突状细胞生物学知识及其免疫应答机制的深入研究,针对树突状细胞的治疗研究越来越广泛。

【目的与要求】

① 了解树突状细胞的分离方法与步骤。

② 了解树突状细胞的成熟与激活方法。

③ 了解并熟悉树突状细胞的形态。

【实验设备与材料】

① 实验仪器:超净工作台,生物安全柜,CO_2 培养箱,离心机,倒置显微镜,剪刀,弯镊,直镊。

② 实验材料:C 57BL/6 小鼠(6 ~ 10 周),离心管,移液器,注射器,中转盒,冰盒,50 mL 离心管,100 μm 滤网,20 mL 注射器,1 mL 注射器,细菌培养皿。

③ 实验试剂:PBS,胰酶,RPMI - 1640 培养基,GM - CSF 培养基。

GM‑CSF 培养基:RPMI‑1640 +10% 血清 +1% 双抗 +1% 谷氨酰胺 +10 ng·mL^{-1} GM‑CSF。

【实验方法】

1. 树突状细胞的分离

① 正常 6~10 周龄雌/雄性 C57BL/6 小鼠,CO$_2$ 法处死,放入中转盒。

② 超净台无菌条件下取出鼠的股骨和胫骨,将取出的股骨和胫骨放置在盛有无菌 PBS 的细菌培养皿中,用剪刀和镊子将周围的肌肉组织尽量去除干净。

③ 将骨移入另一个盛有 PBS 的新细菌培养皿中(冰上),用剪刀减开骨膨大位置,再用 20 mL 注射器吸取此培养皿中 PBS,针头换为 1 mL 注射器针头,针头分别从骨两端插入骨髓腔,反复冲洗出骨髓至培养皿中,直至骨完全变白;膨大骨先用剪刀剪碎,再用 1mL 注射器尾部按压,尽量分离骨髓内容物。

④ 将 50 mL 离心管放置在冰盒内,通过移液器收集骨髓悬液,用 100 μm 滤网过滤悬液去除小碎片和肌肉组织。

⑤ 滤液 300 g 离心 5 min,弃掉上清。

⑥ 用 RPMI‑1640 培养基重悬细胞,获得小鼠骨髓细胞。

2. 树突状细胞的成熟和激活

① 小鼠骨髓细胞提取完成后,计数,按照每毫升 2×10^6 细胞的密度接种于细菌培养皿,放入培养箱培养,此时为第 0 天。

② 第 4 天,根据贴壁细胞的数量决定是否消化。

若不消化:收集培养皿中悬浮细胞于 50 mL 离心管中,将剩余贴壁细胞经无菌 PBS 吹洗转入同一离心管,细菌培养皿中加入新的含 GM‑CSF 的培养基,收集的悬浮细胞 300 g,5 min 离心后,用含 GM‑CSF 的培养基重悬细胞,均匀接种回原培养皿。

若消化:收集培养基中悬浮细胞于 50 mL 离心管中,将剩余贴壁细胞经 PBS 吹洗转入同一离心管,在培养皿中加入 2~3 mL 胰酶消化 5 min,加入 4 倍体积 PBS 终止消化,转移至离心管中,经过 300 g,5 min 离心,倒掉上清,获得的细胞用含 GM‑CSF 的培养基重悬,均匀接种回原培养皿。

③ 在第 7 天收集培养基,进行消化,步骤同第 4 天消化步骤。

④ 在第 8~10 天,倒掉培养皿中上清,PBS 清洗一遍后,弃掉 PBS,加入 2~3 mL 胰酶消化 5 min,消化完毕后,加入 4 倍体积 PBS 终止消化,用移液枪均匀吹打,收集于 50 mL 离心管中,离心后倒掉上清,获得的细胞用不含 GM‑CSF 的培养基重悬,计数。

【结果分析】

如图 8-1 所示,成功培养的树突状细胞展现出了典型的分枝形态。这些细胞的形态特征包括细长的树突,它们从细胞体向外延伸,形成了一个复杂的网络结构,这与树突状细胞在免疫应答中发挥关键作用的特性相符合。树突状细胞的分枝形态对其功能至关重要。这些分枝增加了细胞的表面积,从而提高了它们捕获和处理抗原的能力。此外,分枝形态也有助于树突状细胞在淋巴结中与 T 细胞进行有效地相互作用,启动特异性免疫应答。

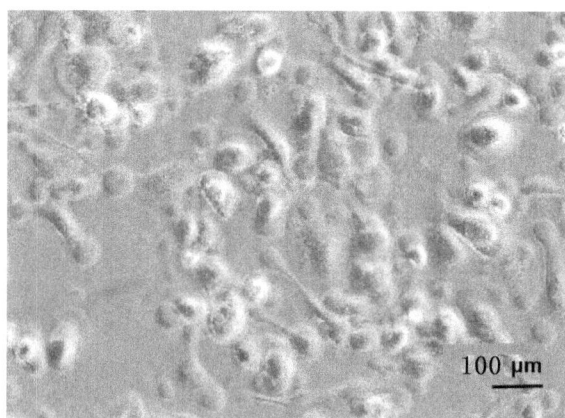

图 8-1　贴壁生长的成熟树突状细胞

【注意事项】

① 保持所有组织细胞处于无菌条件,严格进行无菌操作,避免细菌、霉菌等的污染。
② 取出股骨和胫骨后,在冰盒上进行,保持细胞活性。
③ 用剪刀和镊子去除肌肉组织时,尽量不要伤到骨头。
④ 细胞培养时一定要用细菌培养皿,误用细胞培养皿会导致细胞消化困难。

实验九 T 细胞的分离和分化

【引言】

T 细胞种类繁多,具有不断更新分化的潜力以适应机体的内环境变化,在同一时间存在不同发育和分化阶段及执行不同生物学功能的亚群。其中 CD4$^+$ T 细胞是宿主健康和疾病的关键调节因子,其在细胞因子表达方面的显著异质性导致辅助性 T 细胞 1(Th1),Th2,Th17 细胞亚群的发现,这些细胞具有独特的发育和调节途径,在不同细胞因子的刺激下产生并通过分泌 IFN - γ、IL - 4、IL - 17 在免疫介导的病理中发挥不同的作用。另外还存在一类调节性 T 细胞(Tregs),显示出与亚群相似的特征,可能在免疫中发挥不同的作用,它们的存在阻止 T 细胞产生细胞因子以维持对自身抗原的免疫耐受的机制。这两类细胞一方面诱导炎症反应,而另一方面诱导免疫耐受,两者相互制约共同维持机体内环境稳态和免疫平衡,因而在调节机体免疫应答和治疗免疫相关疾病方面具有重要意义。正因其在机体内的重要功能,对其体外分离、培养及分化的诱导将有助于了解其生物学功能及其与疾病的联系,为寻找新的免疫疗法提供理论基础。

【目的与要求】

① 了解小鼠 T 细胞的分类和功能特点。

② 掌握小鼠 CD4$^+$ T 细胞分离方法。

③ 掌握小鼠 CD4$^+$ T 细胞不同亚群分化方法。

【实验设备与材料】

① 实验仪器:离心机,超净工作台,生物安全柜,CO$_2$ 培养箱,解剖工具(镊子和手术剪)。

② 实验材料:C57BL/6 雌鼠(6～8 周),离心管,100 μm 滤膜,1 mL 注射器,20 mL 注射器,LS MACS 分离柱,0.22 μm 滤器,96 孔板,移液器。

③ 实验试剂:75% 酒精,1×红细胞裂解液,running buffer,无菌 PBS,CD4$^+$ T 细胞培养基,抗体及细胞因子。

CD4$^+$ T 细胞培养基:89% IMDM 培养液 + 10% FBS + 0.1% β – 硫基乙醇 + 1% 青/链霉素。

【实验方法】

1. T 细胞的分离

① 取 6~8 周龄的 C57BL/6 雌鼠,用 75% 酒精对小鼠进行全身消毒后放进超净工作台内的手术解剖台上,用高压灭菌过的解剖工具剪开小鼠左侧背部,找到小鼠脾脏,剥离黏附在脾脏上的脂肪组织,将新鲜脾脏暂存于预冷的 PBS 中待用。

② 在生物安全柜内取 100 μm 滤膜放置于 50 mL 离心管上,先在滤膜上倒一点 PBS 浸湿滤膜,将取得的新鲜脾脏放在 100 μm 滤膜上,用 1 mL 注射器尾端轻轻研磨组织,边磨边用 PBS 冲洗,待研磨充分弃掉滤膜,研磨液置于离心机内 300 g 离心 10 min。

③ 弃上清,重弹管底将细胞拍散,加入 2 mL 1 × 红细胞裂解液,室温裂解 1 min 后,加入 4 倍裂解液体积的 PBS 终止裂解。

④ 准备新的 50 mL 离心管和 100 μm 滤网,将③中的液体过滤到新的 50 mL 离心管中,用 10 mL 的 PBS 冲洗滤网并补足到 20 mL,过滤后的细胞悬液于 300 g 离心 10 min。

⑤ 弃上清,用 2 mL CD4$^+$ T 细胞培养基重悬后,计数,获得脾细胞。将上步提取的脾细胞按照 Naïve CD4$^+$ T 细胞分离试剂盒步骤进行分离(以下为每 10^7 个脾细胞使用的试剂量)。

⑥ 向提取的脾细胞中加入预混好的 40 μL 的 running buffer 和 10 μL 的 CD4$^+$ T Cell Biotin – Antibody Cocktail,轻轻吹匀后于 4 ℃ 静置 5 min。

⑦ 将 20 μL 的 Anti – Biotin MicroBeads 加入 30 μL running buffer 中,混匀后加入上步混合悬液中,吹匀后再于 4 ℃ 静置 10 min。

⑧ 取出 LS MACS 分离柱,向分离柱中加入 3 mL running buffer 进行柱平衡。向步骤⑦获得的混合液中加入 running buffer 清洗后,300 g 离心 10 min。

⑨ 弃上清,用 1 mL 的 running buffer 重悬,500 μL/次缓慢滴加上经步骤⑧处理后的 LS MACS 分离柱,收集流经柱子的分离液,再分三次加入 3 mL running buffer 冲洗分离柱,同样收集分离液,300 g 离心 10 min。

⑩ 弃上清,用 CD4$^+$ T 细胞培养基重悬细胞,计数,获得 Naïve CD4$^+$ T 细胞。

2. T 细胞的分化

① 将分离的 Naïve CD4$^+$ T 细胞按每毫升 2 × 10^6 个细胞的密度接种于 96 孔板,加入 anti-CD3 和 anti – CD28 刺激细胞活化,添加不同的分化因子诱导细胞向 Th17、Th1 以及 Treg 方向分化,并在体外培养 72 h。抗体及分化因子使用详情如表 9 – 1~9 – 3。

表 9 - 1　Th17 分化所需抗体及分化因子的浓度

名称	母液浓度	使用浓度
anti – CD3	6.30 mg mL^{-1}	0.50 μg mL^{-1}
anti – CD28	4.14 mg mL^{-1}	1.00 μg mL^{-1}
anti – IFNγ	10.65 mg mL^{-1}	10.00 μg mL^{-1}
anti – IL4	7.26 mg mL^{-1}	10.00 μg mL^{-1}
IL – 1β	10.00 μg mL^{-1}	10.00 μg mL^{-1}
IL – 6	10.00 μg mL^{-1}	20.00 ng mL^{-1}
TGF – β	10.00 μg mL^{-1}	2.00 ng mL^{-1}

表 9 - 2　Th1 分化所需抗体及分化因子的浓度

名称	母液浓度	使用浓度
anti – CD3	6.30 mg mL^{-1}	0.50 μg mL^{-1}
anti – CD28	4.14 mg mL^{-1}	1.00 μg mL^{-1}
anti – IL4	7.26 mg mL^{-1}	10.00 μg mL^{-1}
IL – 12	10.00 μg mL^{-1}	10.00 ng mL^{-1}

表 9 - 3　Treg 分化所需抗体及分化因子的浓度

名称	母液浓度	使用浓度
anti – CD3	6.30 mg mL^{-1}	0.50 μg mL^{-1}
anti – CD28	4.14 mg mL^{-1}	1.00 μg mL^{-1}
TGF – β	10.00 μg mL^{-1}	5.00 ng mL^{-1}
IL – 2	10.00 μg mL^{-1}	10.00 ng mL^{-1}

　　② 体外培养的细胞需用豆蔻酰佛波醇乙酯(PMA)和离子霉素(Ionomycin)刺激,同时加入 Golgiplug 抑制蛋白质转运,继续培养 4 h。

　　③ 收集细胞后,进行流式细胞染色并上机检测。

【结果分析】

　　以检测 Th17 分化情况为例:利用流式细胞仪进行检测,与 Th0 组相比,体外分化条件培养 72 h 的细胞(Ctrl)高表达 IL - 17A,说明在体外成功诱导 Th17 细胞分化(图 9 - 1)。

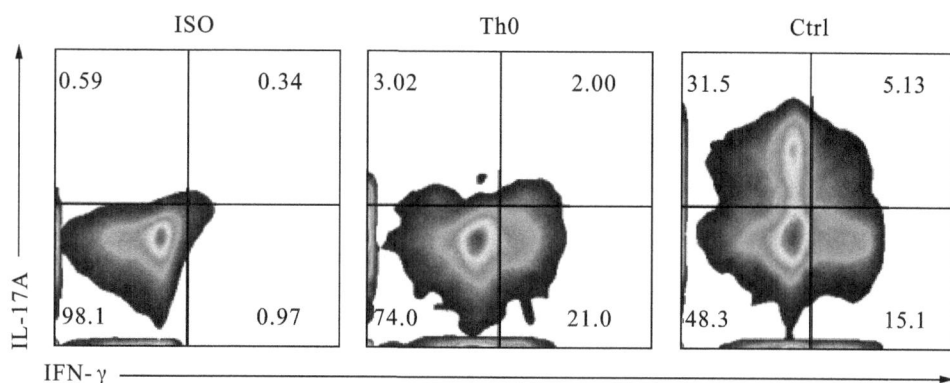

ISO—为同型对照;Th0—仅加入 anti – CD3 和 anti – CD28 刺激活化的细胞;

Ctrl—为加入 Th17 分化因子的细胞。

图 9 – 1　Th17 体外诱导分化

【注意事项】

① 研磨脾脏组织所用的工具,包括滤膜和 1 mL 注射器,接触组织的部位切忌用手触碰,避免污染。

② 务必保证加入红细胞裂解液前细胞被充分拍散。

③ 红细胞裂解液储备液是 10 × ,用之前需用超纯水稀释至 1 × 并在室温放置片刻后使用。

④ 红细胞裂解液加入的量视脾脏数量而定,按照每一个脾脏需要 2 mL 红细胞裂解液加入。

⑤ 细胞的混合悬液加入柱子需缓慢,一滴一滴或者贴壁缓慢加入。

实验十　小鼠器官型脑片培养

【引言】

器官型脑片是在体外,经过 3D 培养,模拟正常(或疾病)状态下体内脑组织的三维结构和生理功能。器官型切片培养包含海马脑片培养、肺组织切片培养等多种类型,本实验仅选择海马脑片培养进行介绍。脑片的培养同时保留了在体和离体培养的优势,保留了脑组织中不同的细胞种类,也保持了部分神经元和胶质细胞之间正常的细胞通讯和神经细胞的其他功能,能更好地模拟体内复杂的生理或病理环境。

获得优质脑片培养的关键受创伤程度、培养时间和温度等因素影响。在进行组织解剖时,快速无损地取出完整的脑组织,使脑组织迅速置于冰上,会使得组织内的代谢减慢更有利于神经元和其他胶质细胞的活性。组织振动切片机切片板上用低熔点琼脂糖作为“垫板”来包裹组织,目的是将脑组织稳定地固定在要切片的位置上,以及能够获得“全方位”的脑片。在培养脑片的过程中,培养基尽可能不添加抗生素,抗生素可能会诱发海马脑区的癫痫发作,影响后续的实验结果。利用插入式细胞培养小室 Millicell 培养小鼠脑片使脑片处于液体和气体的交界面,脑片一部分浸没于培养基中,另一部分暴露于空气中,不仅有利于脑片从培养基中摄取营养,也有利于脑片从空气中获得充足的氧气。动物的年龄也对于脑片的存活至关重要,小鼠海马脑片的培养一般选用出生后 4~15 天的幼鼠,小鼠鼠龄越大,获得健康、有活力的培养物的比例就越低。

培养的小鼠脑片在后续还可进行其他实验,可在此基础上进行不同药物刺激或进行疾病模型的构建。

【目的与要求】

① 掌握小鼠的脑组织取材。
② 了解小鼠的脑组织振动切片机的使用。
③ 总结小鼠脑片的培养的要点。

【实验设备与材料】

① 实验仪器:高温高压灭菌锅,烘箱,生物安全柜,振动切片机,倒置显微镜,体视显微镜,CO_2 培养箱(37 ℃,5% CO_2),水浴锅,解剖用弯头镊,解剖剪,眼科剪。

② 实验材料:新生小鼠(4~15 天),滤纸,无菌刀片,细胞培养皿,细胞培养板(6 孔),插入式细胞培养小室 Millicell,玻璃巴氏滴管,50 mL 玻璃烧杯,移液器,15 mL 离心管,冰盒,无菌注射针针头,刷子。

③ 实验试剂:75% 乙醇,2% 低熔点琼脂糖溶液,Stoppini 培养基,解剖缓冲液,GBSS 缓冲液(1×),葡萄糖,MEM,HBSS 缓冲液,1 M HEPES 缓冲液,GlutaMax Ⅱ,1 M HCL 溶液。

2% 低熔点琼脂糖溶液:0.4 g 低沸点琼脂溶于 20 mL 的 GBSS(1×)溶液中制成 20 mL 低熔点琼脂溶液。

Stoppini 培养基:取 MEM 50 mL,HBSS 25 mL,马血清 25 mL,1 M HEPES 缓冲液 1 mL,GlutaMax Ⅱ 0.5 mL,葡萄糖 0.65 g,混合后用 1 M HCl 调整 pH 至 7.4~7.5,过滤除菌。

解剖缓冲液:GBSS(1×)缓冲液中添加葡萄糖使其终浓度至 6.5 mg mL^{-1}。

【实验方法】

1. 实验前准备

① 高温高压灭菌 2% 的低熔点琼脂糖溶液,在其温热时于生物安全柜中分装至 15 mL 离心管中,并置于 40 ℃ 水浴锅中备用。

② 高温高压灭菌并烘干解剖用弯头镊、解剖剪等解剖工具以及玻璃巴氏滴管和玻璃烧杯。

③ 将振动切片机、体视显微镜以及解剖工具用 75% 乙醇喷洒表面消毒后置于生物安全柜中,紫外照射 30 min。

④ 将滤纸剪至和切片板同样大小的尺寸备用。

⑤ 处理 Millicell:在细胞培养板(6 孔)中的每个孔中倾斜放置一个 Millicell,避免形成气泡,敲击细胞培养板底部,摆脱孔板底部与 Millicell 之间形成的气泡。每孔加入 1.2 mL 的培养基,使 Millicell 润湿至半透明,于脑片培养前 1 h 置于 CO$_2$ 培养箱中以调整酸碱度。

2. 小鼠脑组织取材

① 取出生后 4~15 天内的幼鼠,喷洒 75% 乙醇,用弯头镊夹取后置于超净工作台的装有 75% 乙醇的 50 mL 烧杯中,浸泡 3 s,表面消毒,用弯头镊取出小鼠,置于铺上滤纸的冰盒上,用手术剪迅速断头。

② 用眼科剪沿大脑中缝顺着延髓往嗅球方向,从后往前剪开颅骨,用弯头镊向左右扒开颅骨,取脑。将取出的脑组织置于装有 1 mL 预冷的解剖液的细胞培养皿中。将培养皿置于体视显微镜下,用弯头镊的钝侧沿大脑中缝向两侧剥开皮质层,暴露出海马组织,利用无菌注射针针头小心地分离两侧海马,并用弯头镊钝侧夹取出海马组织。取出的海马组织可继续置于预冷的解剖液中。

3. 脑组织振动切片

① 用温热的琼脂糖溶液滴加至振动切片机的组织切割板上。将海马组织用巴氏滴管吸出,置于新的干滤纸上,滤干表面水分,然后置于含有琼脂糖的切割板上。让琼脂糖在 10 s 内凝固并包裹整个海马组织。确定海马的方向,使其最中间的部分垂直于刀片,切片厚度 300~400 μm,振动切片。每个海马切片 4~8 片,切不同小鼠脑组织时应更换刀片。

② 润湿组织,将琼脂糖/组织转移至装有解剖缓冲液的细胞培养皿中,用弯头镊的钝侧将切片分开。用取出前端的移液管将每个切片转移至新的装有预冷解剖缓冲液的细胞培养皿中,用无菌注射针头清理切片表面的琼脂糖。并对得到的切片进行筛选,分组。

4. 脑片培养

① 将装有脑片的细胞培养板(6 孔)从二氧化碳培养箱中取出。用巴氏滴管吸起脑片,将其转移至 Millicell 中,每个 Millicell 中放置 2~4 片脑片,使用移液器,吸出丢弃切片周围多余的水分,将细胞培养板置于二氧化碳培养箱中培养。

② 脑片换液:每 3~4 天更换一次培养基,将 Millicell 转移到新的细胞培养板中,每孔添加 1 mL 的 Stoppini 培养基。也可在原本的细胞培养板中进行换液,吸出丢弃旧培养基,加入新的 1 mL 的 Stoppini 培养基。

③ 脑片形态学观察:用显微镜的明场观察培养的海马脑片在培养过程中的变化,并于 2、5、10、20 和 40 天拍照,脑片的状态应为边缘透明清晰。

【注意事项】

① 整个实验对环境要求高,所使用的试剂及实验工具均需高温高压灭菌,以保证脑片的正常生长。

② 取脑组织和切片应迅速,从脑组织至切片时间应控制在 10 min 以内。

③ 脑组织取出后应保持组织低温和湿润。

④ 在更换不同小鼠时应用 75% 乙醇擦拭工具后使用。

⑤ 培养基不可一次配制太多,保存时间不超过 3 周。

实验十一　肿瘤干细胞的
3D 悬浮成球培养

【引言】

肿瘤干细胞(CSC),也被称作癌症干细胞,是指肿瘤内具有自我更新能力并能产生异质性肿瘤细胞的一小部分细胞。肿瘤干细胞理论认为,肿瘤是一种高度异质性疾病,由大多数已分化的肿瘤细胞和少数具有自我更新潜能的肿瘤干细胞或肿瘤起始细胞(TICs)组成。肿瘤干细胞不仅参与了肿瘤的原发性生长、肿瘤细胞转移和复发,而且还参与了化疗耐药的发展。研究表明,肿瘤干细胞具有一系列生物学特性,包括自我更新及无限分裂潜能、多向分化潜能和体内成瘤能力。对传统放、化疗治疗的高抵抗性也被认为是肿瘤干细胞的特性之一。此外,通过上皮－间充质转化(EMT)的肿瘤细胞,也具有干性相关的特性,其致癌潜力和化疗抗性也显著增加。研究肿瘤干细胞对于认识癌症这种致命疾病的发生发展与治疗,都具有重要的意义。

肿瘤干细胞的富集或分离方法较多,主要有以下几种:

① 以肿瘤干细胞表面特异性标志物为抗原的免疫磁珠分选法(MACS)。

② 以一种或多种荧光素标记肿瘤干细胞特异性标志物,根据荧光素标记抗体能力的差异而分选肿瘤干细胞的流式细胞分选法(FACS)。

③ 肿瘤干细胞具有对核染料 Hoechst 33342 外排而拒染的特性,从而可以将 Hoechst 33342 染后不发荧光的肿瘤干细胞从肿瘤组织细胞群中分离出来。

④ 在合成培养基的基础上只添加特定的生长因子和细胞添加剂,绝大多数肿瘤细胞由于缺乏生长所必需的血清成分而停止生长,经长时间培养后最终死亡,而肿瘤干细胞则可以在此类含特定生长因子和细胞添加剂的无血清培养基中呈球状悬浮生长,经几代的培养增殖形成富含肿瘤干细胞的肿瘤细胞球,即细胞 3D 悬浮成球培养,也称之为无血清培养基分选法。

在肿瘤干细胞培养的技术手段中,细胞悬浮培养成球、连续细胞球传代是实体肿瘤干细胞诱导并富集的常用技术方法之一,而其中细胞成球数量及球直径大小等,也已成为评价其干性维持能力的数据指标之一。为了探究肿瘤干细胞的发生发展及干性维持机制,体外肿瘤干细胞成球培养作为基础研究方法,必不可少。本实验内容,着重以肿瘤干细胞为例对

3D 悬浮成球培养方法进行介绍。

【目的与要求】

① 了解肿瘤干细胞富集与分离方法。

② 掌握肿瘤干细胞 3D 悬浮成球培养的操作技术。

【实验设备与材料】

① 实验仪器:CO_2 培养箱,倒置显微镜。

② 实验材料:A2780 细胞,细胞培养瓶,6 孔超低吸附细胞培养板,移液器。

③ 实验试剂:DMEM/F12 培养基,干细胞培养基,青/链霉素,PBS,0.05% 胰蛋白酶。

干细胞培养基:配制如表 11 - 1。

表 11 - 1　干细胞培养基配制

成分	厂家	货号	工作浓度
ITS insulin – transferrin – selenium supplement	Gibco	51500 – 056	1 ×
bFGF	PEPROTECH	100 – 18B	20 ng mL^{-1}
EGF	PEPROTECH	AF – 100 – 15	20 ng mL^{-1}
LIF	Sino Biological	14890 – HNAH	12 ng mL^{-1}
BSA	Sigma	B2064	4 mg mL^{-1}
青/链霉素	Solarbio	P1400	1 ×
DMEM/F12	Gibco	C11330500BT	/

【实验方法】

1. 3D 悬浮培养成球

① 配制干细胞培养基(配制的培养基使用时间不超过 2 周。超过 2 周,细胞因子会因降解而导致浓度降低)。

② 取对数生长期的 A2780 细胞,胰酶消化后收集到 15 mL 离心管,800 rpm,离心 3 min。

③ 弃上清,用 3~5 mL PBS 重悬后再次离心,800 rpm,离心 3 min。

④ 弃上清,用 500 μL 干细胞培养基重悬细胞,利用血球计数板进行细胞计数。

⑤ 根据细胞密度,移取适当体积的细胞悬液接种到 6 孔超低吸附平板,使接种数目约为每孔 15000 个细胞/3 mL(24 孔板约为 5000 个细胞/1 mL),放置 CO_2 培养箱进行培养。

⑥ 细胞每 3 天更换一次培养液:用移液器将细胞轻柔吹匀后转入 15 mL 离心管,静置 3~5 min,使细胞球沉降到管底,小心移取上部约 2/3 体积的培养基,弃掉,重新加入新鲜培养基。轻柔吹打后将细胞接种回原孔板中继续培养。

⑦ 培养期间每天进行镜检观察。当细胞成球大小和数量适宜需要收样或者进行细胞球传代时,提前一天更换新鲜干细胞培养基可使细胞球细胞维持较好的状态。

2. 细胞球消化传代

① 收集超低吸附培养板中细胞球及培养基于 15 mL 离心管中,静置 3~5 min,使细胞球沉降到管底。

② 小心吸去上层培养基,底部留约 500 μL 培养基,将细胞球轻柔吹打重悬并转移至 1.5 mL EP 管,200 g 离心 3 min,收集细胞球,弃上清。

③ 用 1 mL PBS 重悬细胞球,然后 200 g 离心 3 min,收集细胞球,弃上清。

④ 在 1.5 mL EP 管中加入约 50 μL 0.05% 的胰酶,用移液器轻轻吸打,使细胞球与胰酶充分接触,持续 1 min 左右。

⑤ 吸打结束后,加入 500 μL 无血清培养基,并尽快离心,200 g 离心 3 min,收集细胞。

⑥ 弃上清,加入 1 mL PBS 重悬细胞,200 g 离心 3 min,收集细胞。

⑦ 重复步骤⑥一次。

⑧ 弃上清后用 500 μL 干细胞培养基重悬细胞,在显微镜下用台盼蓝染色后进行细胞计数,按照 15000 个/孔的数量将细胞接种至超低吸附 6 孔培养板中,每孔补加干细胞培养基至 3 mL,进行第二代细胞球的培养。

【结果分析】

① 在倒置显微镜下,刚接种于超低吸附培养板中时,细胞是悬浮于培养液中的,细胞形态均呈现为圆形,继续培养 7~10 天,细胞球形成(图 11-1)。

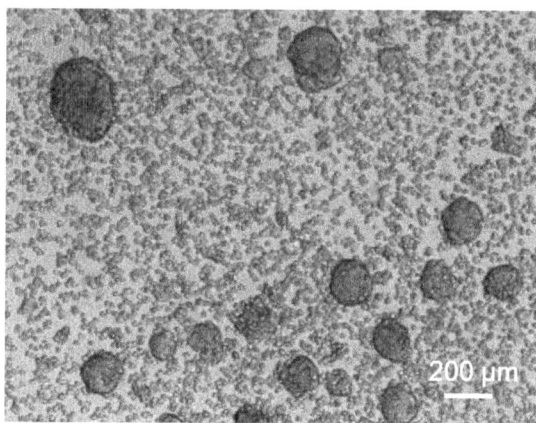

图 11-1 肿瘤干细胞悬浮培养成球示例

② 悬浮细胞球在传代后细胞球的生长较第一代略快,成球率更高。图 11-2 为 A2780 细胞球传代接种超低吸附培养板后的生长过程。

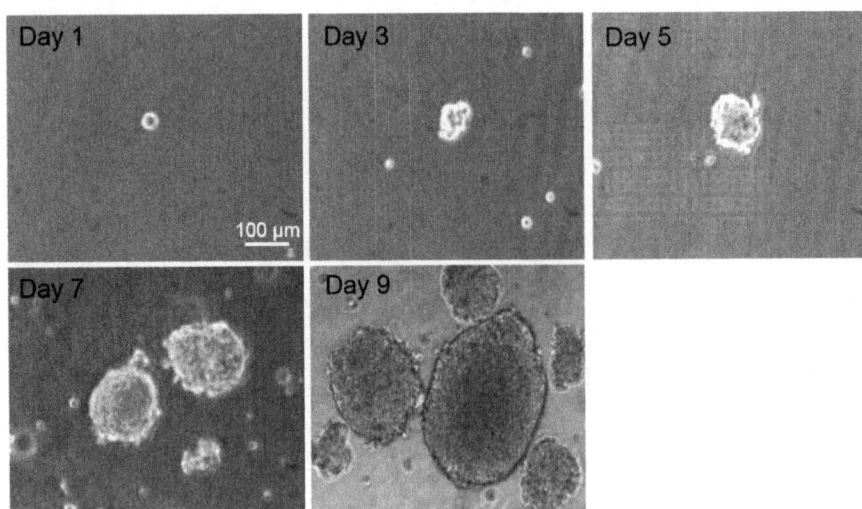

图 11 - 2　A2780 细胞球传代后快速重新生长为细胞球

【注意事项】

① 3D 细胞球的培养需要在超低吸附培养板或培养皿中进行。绝大多数肿瘤细胞由于不能贴壁而停止生长,经长时间培养后死亡,最终剩下具有干性的细胞聚团成球生长。

② 细胞球细胞消化过程中,用移液器轻轻吸打持续 1 min,使细胞球与胰酶充分接触。务必注意,这个分散细胞,主要是靠胰酶的作用来分散细胞,不是靠枪头吸打导致的分散!

【参考文献】

[1] LUPIA M, CAVALLARO U. Ovarian cancer stem cells: still an elusiveentity? [J]. Mol Cancer. 2017, 16:64.

[2] COLE J M, JOSEPH S, SUDHAHAR C G, et al. Enrichment for Chemoresistant Ovarian Cancer Stem Cells from Human Cell Lines[J]. J Vis Exp. 2014,91:e51891.

第二部分

细胞工程与细胞生理功能分析

实验十二　外源基因转染哺乳动物细胞

【引言】

为了探究目的基因的功能,通常需要在分子、细胞和模式动物等不同水平对基因的表达进行调控。根据实验目的的不同,可对目的基因在 DNA 或 RNA 水平上进行敲减、敲除或过表达,即通过对目的基因进行功能丧失(LOF)或功能获得(GOF),分析细胞和模式动物的生理状态或表型改变,从而推测该目的基因的功能。要对目的基因的功能进行分析,首先需要对目的基因的表达进行调控,如将目的基因在特定细胞中进行外源过表达,观察细胞的生长增殖、凋亡、迁移等生理状态,由此可以判断该目的基因是否参与上述生理状态的调控。要在特定细胞中过表达基因,就需要将目的基因导入特定哺乳动物细胞中。通常所用的手段包括转染法和病毒感染法。对于多数细胞可以通过化学试剂转染的方法将 DNA 导入到细胞中,常用的转染方法有磷酸钙共沉淀、脂质体转染、PEI 转染、电穿孔转染、核转染等。这些转染方法各有优缺点,磷酸钙共沉淀和 PEI 转染成本低、易操作,但是只对少数细胞有较高的转染效率;脂质体转染对很多细胞都能达到较高的转染效率且不需要依赖任何设备,但是成本相对较高,不适合病毒制备等大规模转染;电穿孔转染、核转染方法对很多难转染细胞(比如原代细胞等)可以达到很高的转染效率,但是通常会造成大量的细胞死亡,且需要依赖特殊的转染设备,转染耗材成本也很高,不适合大规模转染。在实际研究中,可以根据实际的需求合理选择转染方法。

【目的与要求】

① 了解外源基因转染技术原理,掌握外源基因转染技术方法。

② 了解不同转染方法的优缺点。

【实验设备与材料】

① 实验仪器:生物安全柜,CO_2 培养箱,普通迷你离心机,冷冻迷你离心机,倒置荧光显微镜,水浴锅,$-80\ ℃$ 冰箱,Neon 电转染仪,Lonza 核转染仪。

② 实验材料:6 cm 细胞培养皿,6 孔板,15 cm 细胞培养皿,1.5 mL 离心管,2 mL 离心管,15 mL 离心管,50 mL 离心管,pCDH – CMV – GFP – EF1 – puro 质粒,HEK293 细胞。

③ 实验试剂:DMEM 培养基(含 10% 胎牛血清),0.25% 胰蛋白酶,PBS,75% 酒精,

PEI – MAX,Lipo2000,Opti – MEM,2 × HBS,2.5 M CaCl₂。

【实验方法】

1. 磷酸钙转染

① 受体细胞的培养和传代:在转染前一天将长满的 60 mm 培养皿中的细胞按照 1:3 的密度传代到新的 60 mm 培养皿,次日细胞密度可达 50% 左右,可用于转染,转染前 4 h 将培养基更换为预热的含 2% 血清的新鲜培养基。

② DNA – 磷酸钙沉淀的制备(图 12 – 1):准备两个无菌的 EP 管,在其中一个管中加入 6 ~ 8 μg 质粒 DNA(pCDH – CMV – GFP – EF1 – puro),25 μL 2.5 M CaCl₂,加 dd H₂O 至 250 μL,混匀。在另一个管中加入 250 μL 2 × HBS;用装有 2 mL 移液管的移液枪持续在装 2 × HBS 的管子中吹气,将 DNA 和 CaCl₂ 混合液用微量移液器缓慢地滴入 2 × HBS 中,整个过程需缓慢进行,至少需持续 1 ~ 2 min。混合完毕后室温静置 30 min,管中出现细小颗粒沉淀。

③ 将沉淀逐滴均匀加入 60 mm 平皿中,轻轻晃动使其与培养基混匀。

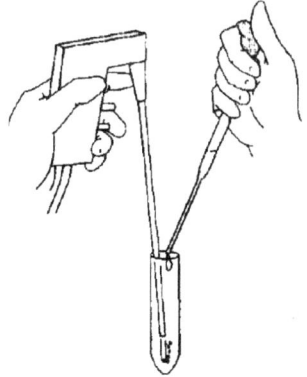

图 12 – 1　磷酸钙共沉淀操作图示

④ 在标准生长条件下培养细胞 4 ~ 6 h。除去培养液,加入 4 mL 新鲜培养基。

⑤ 转染 24 h 后可在倒置荧光显微镜下观察转染效率。

⑥ 如果需要建系,可将细胞按照 1:10 传代,同时在培养基中加入抗生素筛选,直至细胞稳定不再死亡。

2. 脂质体转染

① 受体细胞的培养和传代:在转染前一天将长满的 60 mm 培养皿中的细胞按照 1:3 的比例接种到 6 孔板中,次日密度可达 80% ~ 90%(细胞密度低容易造成转染后细胞大量死亡),转染前 4 h 去除 24 孔板中的培养基,用 PBS 漂洗一次,更换为预热的无血清培养基。

② 转染试剂的配置:取两个 EP 管,A 管中加入 150 μL Opti – MEM 和 4 μg 质粒 DNA;B 管中加入 150 μL Opti – MEM 和 10 μL lipo2000,用微量移液器将 A,B 管中的液体分别混匀,室温静置 5 min。然后将 A,B 管中液体混合,混匀后室温静置 20 min 使得 DNA 和 lipo2000 形成复合物;将 300 μL A,B 混合液加入 6 孔板的细胞中,轻柔混匀。

③ 在 CO₂ 培养箱中培养 24 ~ 48 h 后可通过倒置荧光显微镜观察转染效率。

3. PEI 转染

① 受体细胞的培养和传代:在转染前一天将长满的 150 mm 培养皿中的细胞按照 1:3 ~ 1:2 的比例传代至新的 150 mm 培养皿,次日可达 60% ~ 80% 密度。

② 转染前 4 h,将培养基更换为预热的新鲜培养基。

③ 取两个 2 mL EP 管,其中 A 管中加入 1 mL PBS 和 45 μg DNA,B 管中加入 820 μL PBS 和 180 μL PEI – MAX(1 mg mL⁻¹),分别混匀后再将 A、B 管合在一起混匀,室温静置

10 min,再次吹打混合液后逐滴缓慢加入 150 mm 细胞培养皿中,轻摇混匀。

④ 次日更换预热的新鲜培养基,转染 24 ~ 48 h 后可在倒置荧光显微镜下观察转染效率。

4. Neon 电转染

① 在电穿孔前 1 天,在装有新鲜生长培养基的皿中接种 RAW264.7 细胞,培养所需数量的细胞(转染当天达到 70% ~ 90% 融合)。

② 使用胰酶消化细胞,500 rpm 离心 7 min,PBS 清洗 2 次并且计数。

③ 将 RAW264.7 以 5×10^4 ~ 2×10^5 个细胞每 10 μL Buffer R 的密度重悬;例如:1×10^6 cells 可以用 50 μL Buffer R 重悬;避免在室温下保存细胞悬液超过 30 min,会降低细胞活力和转染效率。

④ 吸出需要的电转细胞数,将其与电转质粒混合,质粒的体积最好小于电转染总体积的十分之一,轻轻混匀,避免吹打出气泡。

⑤ 在 Neon™ 管中填充 3 mL 电解缓冲液(10 μL Neon™ 针尖使用缓冲液 E,100 μL Neon™ 针尖使用缓冲液 E2)。

⑥ 根据实验设置电转具体参数,比如电压、脉冲幅度、时间等,进行电转。

⑦ 电转后将细胞质粒混合物转移至不含有抗生素的细胞培养基培养,次日可查看转染效率。

5. 核转染

① 取对数生长期的细胞,用 5 mL 胰蛋白酶消化细胞,在室温下孵育 10 ~ 15 min,加入培养基终止反应。

② 将细胞收集在 15 mL 离心管中,在 4 ℃ 下 300 g 离心 4 min,去掉上清液。

③ 将细胞悬浮在 1 mL DMEM 中并计数,每孔 2×10^6 个细胞,取细胞于 1.5 mL EP 管内,离心,PBS 清洗一遍。

④ 用 100 μL 转染试剂重悬细胞,向细胞悬液中轻轻加入 1 ~ 2 μg 质粒 DNA,在电转杯中滴细胞/DNA 悬浮液(20 μL/孔),使用核转染仪(4D – Nucleofector™, LONZA, Switzerland)并根据特定的推荐程序进行核转染。

⑤ 转染后在室温下静待 5 min,然后将细胞接种于每孔含有 2 mL 培养基的六孔板中,并重新置于 37 ℃ 培养箱中培养。所有实验操作在 15 min 内,以减少对细胞的损伤。

【结果分析】

通常在转染 24 ~ 48 h 后可以在荧光显微镜下观察到荧光蛋白的表达(图 12 - 2)。磷酸钙共沉淀、脂质体、PEI 转染法细胞死亡率较低或基本无死亡,转染后细胞出现一定程度的收缩为正常现象。对于 HEK293 细胞,这几种转染方法都可以达到 80% 以上的转染效率。Neon 电转染和核转染方法细胞死亡率很高,根据每种具体的细胞在转染后的情况调整转染条件,在细胞死亡率和转染效率之间找到一个合适的平衡点。

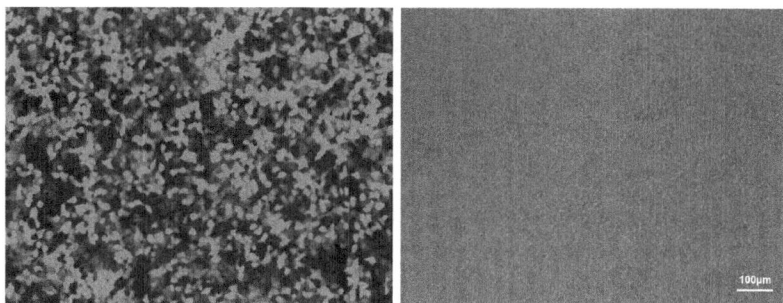

图 12 - 2　转染 48 h 后的细胞在荧光下(左)和白光下(右)的照片

【注意事项】

① 在整个转染过程中都应无菌操作。

② 为获得最佳实验结果,DNA 应不含蛋白质和酚。乙醇沉淀后的 DNA 应保持无菌,并在无菌水或 Tris EDTA 中溶解。用去除内毒素的 DNA 提取试剂盒提取的质粒用于转染最佳,尤其是在采用电转染,核转染等方法是必须使用无内毒素的 DNA。

③ 对于磷酸钙共沉淀法,沉淀物的大小和质量对于磷酸钙转染的成功至关重要。在磷酸盐溶液中加入 DNA - CaCl₂ 溶液时需用空气吹打,以确保形成尽可能细小的沉淀物,因为成团的 DNA 不能有效地黏附和进入细胞。

④ 在实验中使用的每种试剂都必须小心校准,保证质量,因为甚至偏离最优条件十分之一个 pH 都可能导致磷酸钙转染的失败。

【参考文献】

[1]阳诚,宋远,袁小涵,等.小鼠 B 淋巴瘤细胞系 A20 核转染的影响因素分析[J].疑难病杂志,2018,17(6):627 - 629,536.

[2]CHOUCHANE M, COSTA M R. Culture and Nucleofection of Postnatal Day 7 Cortical and Cerebellar Mouse Astroglial Cells [J]. Bio Protoc. 2018, 8(3):e2712.

[3]陈素珠,卢文显,刘红,等.用于电转染 NIH3T3 细胞的两种电击介质的比较[J].福建师范大学学报(自然科学版),2015,31(1):99 - 102.

[4]CHANG C C, MAO M, LIU Y, et al. Improvement in Electrotransfection of Cells Using Carbon - Based Electrodes [J]. Cell Mol Bioeng. 2016, 9(4):538 - 545.

[5]CERVIA L D, CHANG C C, WANG L, et al. Enhancing Electrotransfection Efficiency through Improvement in Nuclear Entry of Plasmid DNA [J]. Mol Ther Nucleic Acids, 2018, 11:263 - 271.

实验十三　病毒包装和细胞感染

【引言】

对于少数细胞常规的转染方法很难将 DNA 导入,这时候可以采用病毒感染的方法,借助于病毒对细胞的高效感染能力将外源基因导入。通过对天然存在的病毒进行工程化改造,在保留其感染能力的同时提高其安全性,获得了一系列病毒载体。在体外实验中常用的病毒有慢病毒、逆转录病毒,在体内实验中还常会用到腺病毒和腺相关病毒等,这里我们主要介绍用于体外基因导入的方法,即慢病毒和逆转录病毒感染法。慢病毒属于逆转录病毒科,为 RNA 病毒。慢病毒既能够感染分裂状态的细胞又可以感染非分裂细胞,其感染范围广泛,感染效率高,外源基因容量大,是体外基因导入中最常用的病毒载体。逆转录病毒只能够感染分裂状态的细胞,感染范围要小于慢病毒,但是对于某些细胞其感染效果要显著的好于慢病毒。慢病毒和逆转录病毒的另一个优势是可以高效地整合到目标细胞的基因组,稳定地在细胞中长期表达,常用于稳定过表达细胞系的建立。在本实验中,将介绍慢病毒、逆转录病毒的包装、病毒感染细胞等实验步骤。

【目的与要求】

① 了解并掌握慢病毒、逆转录病毒包装的原理与方法步骤。

② 了解通过病毒感染将目的基因导入宿主细胞中的独特优势。

一、慢病毒法

【实验设备与材料】

① 实验仪器:生物安全柜,CO_2 培养箱,PCR 仪,核酸电泳仪,普通迷你离心机,冷冻迷你离心机,倒置荧光显微镜,水浴锅,制冰机,$-80\ ℃$ 冰箱,恒温摇床,NanoDrop 分光光度计,恒温培养箱。

② 实验材料:细菌培养皿,6 cm 细胞培养皿,6 孔板,150 mm 细胞培养皿,1.5 mL 离心管,2 mL 离心管,15 mL 离心管,50 mL 离心管,pCDH – CMV – MCS – EF1 – puro 质粒,293TN 细胞,质粒

小提试剂盒,酶切产物回收试剂盒,化学感受态细胞(Competent E.coli),LB 培养基(固、液)。

③ 实验试剂:DMEM 培养基(含 10% 胎牛血清),0.25% 胰蛋白酶,PBS,75% 酒精,限制性内切酶,T4 DNA 连接酶,PEI – MAX(1mg mL^{-1})。

【实验方法】

1. 慢病毒的包装

① 准备 293TN 细胞:接种 $1.5 \times 10^6 \sim 2 \times 10^6$ 个 293TN 细胞到 6 cm 平皿中,摇匀,细胞在 CO_2 培养箱中培养过夜。

② 第二天细胞生长的密度达到 80% 左右时,在生物安全柜中进行质粒转染。取两支1.5 mL 灭菌离心管,各加入 250 μL opti – MEM,分别标记为 A、B 管,将 2.5 μg psPAX2、2.5 μg pMD2.G 和 3 μg 目的质粒依次缓慢轻柔地加入 A 管中;在 B 管中缓慢轻柔地加入 24 μL PEI。

③ 分别将 A、B 两管在涡旋仪涡旋 5 s,微型离心机离心 5 s,室温静置 5 min。

④ 将 B 管 PEI 轻轻地加入 A 管质粒混合液中,边加边搅。加完后,立即涡旋 5 s,离心 5 s,混合均匀后在室温静置 20 min,使质粒与转染试剂结合以形成稳定的转染复合物。

⑤ 取出 293TN 细胞培养皿,弃去培养基,将混合液缓慢均匀滴加到细胞上,室温静置 5 min,再补加 2 mL DMEM 培养基,继续 CO_2 培养箱 37 ℃培养。由于 293TN 细胞贴壁不牢,滴加混合液及补充培养基时尽量避免将细胞吹打脱落。

⑥ 质粒转染 24 h 后弃去培养基,沿着培养皿侧壁加入 3 mL 新鲜 DMEM 培养基,继续放回 CO_2 培养箱 37 ℃培养。

⑦ 病毒收集:转染 48 h 后收集含有病毒颗粒的培养基于 15 mL 灭菌离心管中,并继续在细胞培养皿中加入 3 mL 培养基,继续放回 37 ℃培养箱培养 24 h。在转染 72 h 后再次收集含有病毒颗粒的培养基,并与 48 h 收集的含病毒颗粒的培养基混合。

⑧ 1000 g 下离心 3 min 去除细胞碎片,将含有病毒颗粒的上清分装至若干 1.5 mL 灭菌离心管中,每支 1 mL 病毒溶液,做好标记,放置于 – 80 ℃超低温冰箱备用。

2. 病毒感染

① 接种需要感染的细胞到 6 cm 培养皿,使其密度在过夜培养后达到 60% 左右。

② 第二天,弃去培养基,然后每个 6 cm 细胞培养皿中均匀滴加入 1 mL 慢病毒颗粒(可根据感染的细胞类型加入 2 ~ 10 μg mL^{-1} 的 Polybrene 以提高感染效率),放回 CO_2 培养箱中培养 6 h 后补加 2 mL 相应的培养基,继续培养过夜。

③ 第三天,将细胞消化全部接种到 10 cm 细胞培养皿中,继续在 CO_2 培养箱中培养;过夜后,观察细胞绿色荧光的强度,并将细胞培养基更换为含 puromycin 的培养基继续进行筛选培养 3 ~ 5 天,存活的细胞即为成功转染的细胞。

④ 继续进行相关实验检测。

【结果分析】

慢病毒感染细胞后表达较慢,通常在感染 48 h 后才能看到荧光,72 h 达到稳定表达(图

13－1）。根据目标细胞的感染难易程度,选择合适的病毒用量,以达到高效的感染,同时可以加入 Polybrene 来提高感染效率。如果常规的感染方法也不能达到理想的感染效率,可以尝试采用离心的方式来提高感染效率,具体方法见逆转录病毒感染的实验流程。尽量使用新鲜制备的病毒感染细胞,如需长期保存,应避免反复冻融。

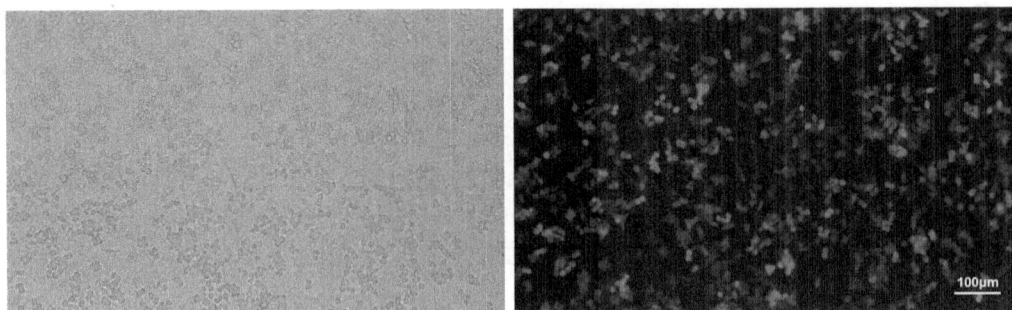

图 13－1　EGFP 表达荧光图

【注意事项】

① 293TN 细胞贴壁不牢,滴加转染试剂混合液尽量将移液器贴近细胞,添加补充培养基时尽量沿培养皿壁缓慢加入,避免将细胞吹打脱落。

② 利用含 puromycin 的培养基继续筛选时,会有大量未成功转染的死细胞漂浮在培养基中,注意及时换液。

③ 转染外源基因的细胞其生长增殖速度会有变化,注意观察其生长速度,调整细胞密度,把握实验进度。

④ 荧光观察:有些过表达的质粒无荧光,有些质粒带有 GFP/EGFP 或 RFP 报告基因。相应的外源性表达效果可通过观察表达 GFP 或 RFP 细胞的数量及荧光强度进行初步判断。

⑤ 当细胞生长到一定数量(如 3 cm dish 长满)收样做 WB,检测目的基因是否敲低或者过表达,对照细胞应为转染空载体的细胞。

【参考文献】

[1]BENSKEY M J, MANFREDSSON F P. Lentivirus Production and Purification [J]. Methods Mol Biol, 2016, 1382:107－114.

[2]吕东霞,朱金玲,刘爽,等.细胞生物学实验技术,北京,科学出版社,2012,224－227.

[3]MACHIDA C A. (Edit). Viral vectors for gene therapy[M]. Methods and Protocols. 2003,Humana Press.

二、逆转录病毒法

【实验设备与材料】

① 实验仪器:生物安全柜,CO$_2$ 培养箱,PCR 仪,核酸电泳仪,普通迷你离心机,冷冻迷

你离心机,倒置荧光显微镜,水浴锅,制冰机,-80 ℃冰箱,恒温摇床,NanoDrop 分光光度计,恒温培养箱,流式细胞仪,台式离心机。

② 实验材料:细菌培养皿,60 mm 细胞培养皿,6 孔板,150 mm 细胞培养皿,1.5 mL 离心管,2 mL 离心管,15 mL 离心管,50 mL 离心管,pMSCV - Puro - IRES - GFP 质粒,HEK293 细胞,CD4 + T 细胞。

③ 实验试剂:DMEM 培养基(含 10% 胎牛血清),0.25% 胰蛋白酶,PBS,75% 酒精,PEI - MAX,InVivoMAb anti - mouse CD28 抗体。

【实验方法】

1. 逆转录病毒的包装

① 将长满的 100 mm 培养皿中的 HEK293 细胞按照 1∶3 ~ 1∶2 的比例接种到新的 100 mm 培养皿中,次日细胞密度可达 60% ~ 80%,可用于包装病毒。

② 取两个 EP 管,A 管加入 400 μL PBS、7.5 μg pMSCV - Puro - IRES - GFP 逆转录病毒质粒、7.5 μg pCL - Eco 包装质粒;B 管加入 340 μL PBS 和 60 μL PEI - MAX(100 mg mL^{-1});分别混匀后将 A、B 管混合起来混匀,室温静置 10 min;将 DNA/PEI - MAX 混合液逐滴缓慢加入细胞培养皿中,轻柔混匀。

③ 次日早晨,更换新鲜培养基;转染 72 h 后收集细胞上清,用 0.45 μm 滤器过滤。病毒上清可以分装保存于 -80 ℃ 或者保存于 4 ℃,在 4 ℃ 保存不超过 5 天。

2. 逆转录病毒感染 CD4⁺ T 细胞

① 将 CD4$^+$ T 细胞用 T 细胞增殖培养基稀释到 1×10^6 细胞/mL,加入 anti - CD28 抗体至终浓度 2 μg mL^{-1},颠倒混匀。

② 将细胞按照 2×10^6 每孔的密度接种到 24 孔板中。

③ 次日,移除旧培养基。每孔加入 1.2 mL 培养基 - 病毒混合液(80% 病毒 +20% T 细胞增殖培养基 + 2 μg mL^{-1} anti - CD28 + 8 μg mL^{-1} polybrene),将 24 孔板放在离心机中 1100 g,32 ℃ 离心 2 h(缓慢升降速)。离心结束后小心将细胞放置于 CO_2 培养箱培养过夜(不要超过 24 h)。

④ 次日,收集细胞,离心弃上清,更换新鲜的 Th1 分化培养基,每孔 2 mL。

⑤ 如果想进一步提高转导效率,可以从感染后第 3 天起,每孔加入 2 μg mL^{-1} 的 puromycin,筛选 3 ~ 5 天。

⑥ 通过流式细胞仪分析感染效率。

【结果分析】

正常情况下,经过 3 天左右的抗生素筛选,GFP 阳性细胞的比例可达到 80% 左右(图 13 - 2)。如果流式检测中存活细胞比例过低,说明病毒初始感染效率过低,需进一步优化病毒感染条件;如果存活细胞比例很高,但是 GFP 阳性细胞比例很低,可以进一步延长筛选时间或药物浓度。

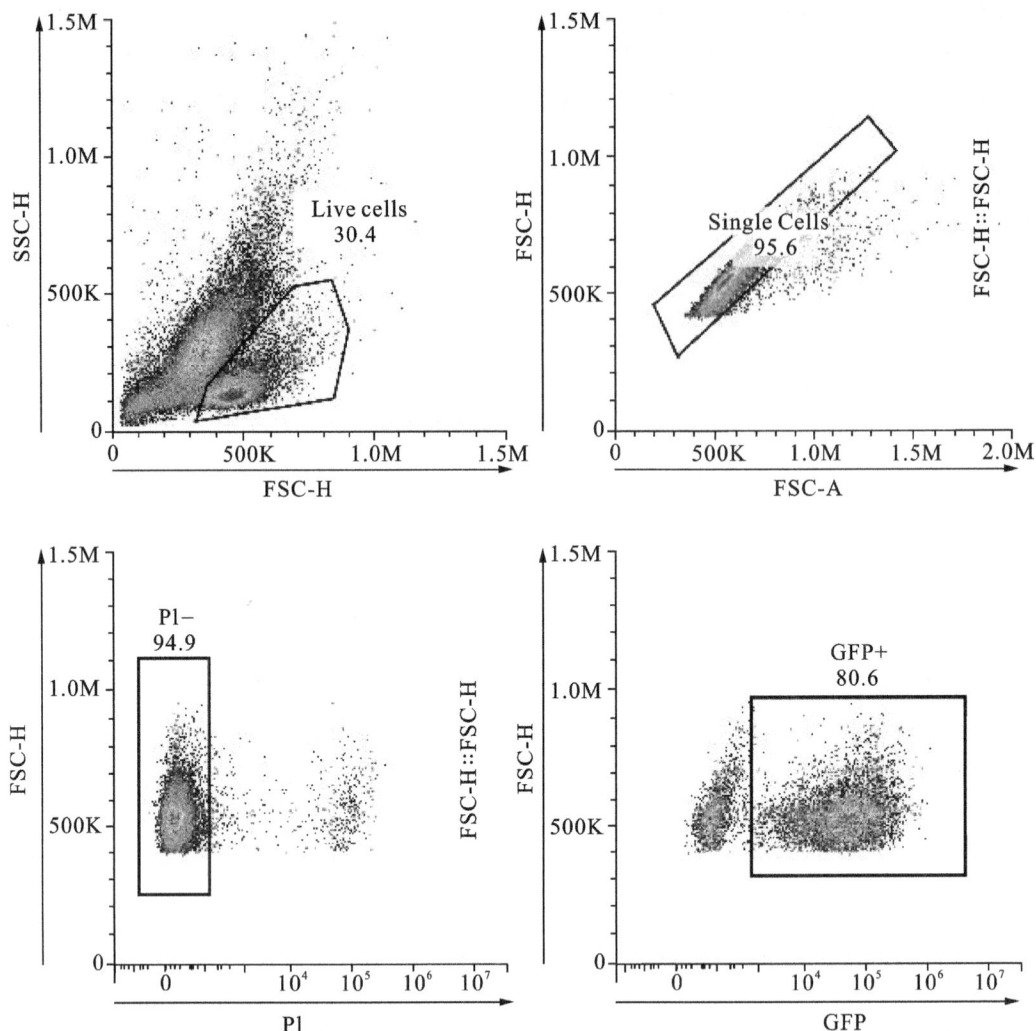

图 13 - 2　逆转录病毒感染 T 细胞流式检测结果

【注意事项】

① 逆转录病毒比较脆弱,应避免冻融,尽量用新鲜制备的病毒,病毒上清可在 4 ℃保存不超过 5 天。

② T 细胞的充分激活对于感染效率非常重要,在 T 细胞分化培养基中细胞的激活效果显著好于 T 细胞增殖培养基。

【参考文献】

[1]BRANSCOME H, KHATKAR P, AL SHARIF S, et al. Retroviral infection of human neurospheres and use of stem Cell EVs to repair cellular damage [J]. Scientific reports. 2022, 12(1):2019.

［2］SIMMONS A, ALBEROLA – LLA J. Retroviral transduction of T cells and T cell precursors ［J］. T – Cell Development: Methods and Protocols. 2016:99 – 108.

［3］KANBE E, ZHANG D E. A simple and quick method to concentrate MSCV retrovirus ［J］. Blood Cells, Molecules, and Diseases. 2004, 33（1）:64 – 67.

［4］KITAMURA T, KOSHINO Y, SHIBATA F, et al. Retrovirus – mediated gene transfer and expression cloning: powerful tools in functional genomics ［J］. Experimental hematology. 2003, 31（11）:1007 – 1014.

实验十四　细胞的药物处理与生长检测分析

【引言】

在抗肿瘤药物开发等过程中,为测定药物对肿瘤细胞的作用,需要将指数生长期的细胞暴露在一定浓度的待测药物中进行处理,处理结束后,通过测定存活细胞的数目或活性,从而可以计算出药物对肿瘤细胞的杀伤或抑制作用。细胞的药物暴露持续时间通常取决于产生最大损伤所需的时间,但是也受药物稳定性等的影响,通常体外检测药物抗肿瘤的作用时间为24 h,也有48 h或72 h,具体需要针对不同的细胞进行预实验测定。常用的对活细胞数目或活性的检测方法有化学发光法、细胞代谢检测、细胞计数检测(台盼蓝)以及DNA合成检测法等。本实验将就细胞药物处理及MTT、台盼蓝细胞计数和EdU染色等常用的细胞活性检测方法进行介绍。

【目的与要求】

① 了解药物抗肿瘤的作用原理。

② 熟悉掌握细胞的生长活性检测技术与方法。

一、细胞的药物处理

【实验设备与材料】

① 实验仪器:CO_2培养箱,倒置显微镜,生物安全柜。

② 实验材料:A549细胞,K562细胞,移液器,24孔板,血球计数板。

③ 实验试剂:RPMI – 1640培养基(含10% FBS),无酚红RPMI – 1640培养基(含10% FBS),0.25%胰蛋白酶,PBS,DMSO,紫杉醇,75%乙醇。

【实验方法】

1. 贴壁细胞接种24孔板

① 从CO_2培养箱中取出待消化的A549细胞,放入生物安全柜中,移去培养基,加入适量PBS,轻柔晃动平皿,漂洗细胞后,用真空泵吸取弃去PBS。

② 加入 1 mL 胰蛋白酶消化细胞。

③ 待贴壁细胞脱落后,加入 5 mL 无酚红的培养基中和胰酶。

④ 计数细胞,按照 5×10^4 个细胞/mL 的密度接种细胞至 24 孔板,每孔 1 mL,放回 CO_2 培养箱,培养过夜。

⑤ 第二天,利用 DMSO 倍比稀释紫杉醇至 25、50、100 和 200 μM,按照 1:500 的比例加入 24 孔板相应孔的培养基中,边加边轻轻搅动,使药物在培养基分散,药物的终浓度分别为 50、100、200 和 400 nM,每个药物浓度处理需要设有 3 个重复。

⑥ 将加过药的细胞继续放回 CO_2 培养箱培养 1~3 天,即可进行活细胞计数,分析药物处理效果。

2. 悬浮细胞接种 24 孔板

① 将 K562 细胞用移液器吹打均匀,取少量细胞进行计数,计算细胞密度。按照 5×10^4 个细胞/mL 的密度接种细胞至 24 孔板,每孔 1 mL。

② 3 h 后,利用 DMSO 倍比稀释紫杉醇至 25、50、100、200 μM,按照 1:500 的比例加入 24 孔板每一个孔的培养基中,使药物终浓度为 50、100、200、400 nM,每个药物浓度处理需要设有 3 个重复。

③ 同样,将加过药的细胞继续放回 CO_2 培养箱培养 1~3 天,即可进行活细胞计数,分析药物处理效果。

【注意事项】

① 严格进行无菌操作,防止细菌、真菌、支原体污染,避免化学物质污染。

② 选择适当的细胞及接种密度。一般情况下,24 孔板的一个孔长满细胞时约有 1.5×10^5 个细胞。但由于不同细胞贴壁后面积差异很大,因此,在进行细胞接种及药物处理前,要进行预实验检测细胞的贴壁情况、倍增时间及不同细胞数条件下的生长曲线,以确定每孔的接种细胞数和培养时间,以避免培养过程中细胞生长过满。通常药物起始处理时,细胞的密度占平板面积的 25%~30% 为佳。

③ 药物浓度的设定:通常可以参考相关文献确定一个大概的范围进行初筛。如果没有可以参考的文献,建议从 10 nM 开始以 10 倍的倍增数值来设置初次实验,后续根据结果来缩小浓度范围进行细筛。

④ 药物处理,原则上,细胞贴壁后即可以加药处理。可第一天下午接种细胞,细胞培养过夜,第二天上午进行药物处理。

⑤ 实验时应设置调零孔、对照孔和加药孔等,用于实验的各个对照。

二、MTT 法检测细胞存活

【实验设备与材料】

① 实验仪器:CO_2 培养箱,倒置显微镜,酶标仪。

② 实验材料:A549 细胞,K562 细胞,移液器,24 孔板,96 孔板。

③ 实验试剂:无酚红 RPM1 – 1640 培养基(含 10% FBS),PBS,MTT(5 mg mL^{-1}),10% SDS。

【实验方法】

① 在 24 孔板的每孔加 50 μL MTT,并设置调零对照组(1 mL 无酚红培养基 + 50 μL MTT),每组 3 个重复。

② 摇匀后放回 CO_2 培养箱继续孵育 3 h 左右。

③ 从 CO_2 培养箱取出 24 孔板,每孔加 500 μL 10% SDS,吹打混匀。

④ 放回 CO_2 培养箱继续孵育 2 h(可根据细胞的密度适当缩短或延长孵育时间,建议孵育 1 h 左右时取出观察颜色变化)。

⑤ 对各个孔吹打混匀,从各个孔中取出 200 μL 加入 96 孔板。

⑥ 比色分析:酶标仪检测各孔吸光值,设定测定波长 570 nm,校正波长 630 nm。以对照组的吸光值为空白对照调零,取各组平均值计算细胞的相对存活率,细胞存活率 =(实验组 OD570/对照组 OD570)×100%。

【注意事项】

① 选择适当的细胞接种浓度和培养时间。

一般情况下,96 孔培养板的贴壁细胞长满时约有 1×10^5 个细胞。但由于不同细胞贴壁后面积差异很大,因此,在进行 MTT 试验前,要进行预实验检测其贴壁率、倍增时间以及不同接种细胞数条件下的生长曲线,确定试验中每孔的接种细胞数和培养时间,以防止细胞过满。这样,才能保证 MTT 结晶形成的量与细胞数呈线性关系。否则细胞数太多敏感性降低,而细胞数太少也不易观察到差异。对于体积大,增殖快的细胞,比如肿瘤细胞,在 96 孔板中不能接种太多数目的细胞,一般每孔应少于 1×10^4 个细胞。同时,细胞贴壁后不可培养过久,以防过于密集。对于体积小,增殖慢或悬浮生长的细胞,在 96 孔板中可以适当提高细胞接种数目,甚至每孔可以超过 1×10^5 个细胞。同时,为了观察药物对这类细胞的效果,可以较上一种细胞培养更长时间。

在检测肿瘤细胞的时候,往往要根据细胞生长速度以及药物的特性(有时间依赖性和浓度依赖性的药物)来确定培养时间。

② 在做生长曲线实验或进行较长时间培养时,96 孔板边缘 36 孔用无菌 PBS 填充,因为长时间培养过程中,边缘的 36 孔中水分蒸发很快,药物易被浓缩而改变浓度,对实验结果会有较大影响。加入 PBS 液填充后,可以一定程度上保持 96 孔板中间区域孔的水分湿度。

③ MTT 检测细胞活性时不建议使用含酚红的培养基。因为酚红会影响 MTT 的还原反应,降低检测的灵敏度和准确性。

④ 吸收值分析:在理想的 MTT 实验中,如果是细胞抑制实验,不加药物处理的空白组的吸收值应该在 0.8 ~ 1.2,数值太小易导致检测误差占比较大,吸收值太大可导致数值超出线性范围,计算不准确。

⑤ MTT 可在 – 20 ℃长期保存,应避免反复冻融,可小剂量分装,用避光袋或是黑纸、锡

箔纸包住避光以免分解;新鲜配制的 MTT 也可短期避光保存于 4 ℃,两周内可使用。当 MTT 变为灰绿色时就绝对不能再用了。

三、台盼蓝计数分析

【实验设备与材料】

① 实验仪器:CO_2 培养箱,倒置显微镜,小型台式离心机。

② 实验材料:A549 细胞,K562 细胞,血球计数板,1.5 mL 吲管,计数器。

③ 实验试剂:RPMI – 1640 培养基(含 10% FBS),0.25% 胰蛋白酶,PBS,紫杉醇,75% 乙醇,台盼蓝染液。

4% 台盼蓝母液:称取 0.4 g 台盼蓝,加少量蒸馏水吹打后,用去离子水定容至 10 mL。

【实验方法】

① 将贴壁生长的细胞进行消化,分别收集细胞,一一对应置于一个预先标记的 1.5 mL EP 管中;悬浮细胞则直接吹打混匀,进行收集。

② 2000 rpm 离心 3 min,弃上清,加入 100 μL PBS 重悬细胞。

③ 取 10 μL 台盼蓝染液滴加于 1.5 mL EP 管盖内侧,吸取 10 μL 混匀的细胞悬液与 10 μL 台盼蓝吹打混匀后,吸取 10 μL 混合液加入血球计数板一侧凹槽处,按同样操作方法在血球计数板另一侧做一个重复。

④ 显微镜下观察与计数:置于显微镜下,10 倍物镜观察,计数四角大方格内的活细胞(计数原则:记上不记下,记左不记右,其中蓝色细胞为死细胞,不计数)。

⑤ 按下式计算每个平板孔中的细胞数目:细胞数目 =(四角大方格细胞总数/4)× 10^4 个 mL^{-1} × 2。

【注意事项】

① 计数之前必须将细胞悬液吹打混匀,防止计数密度误差大,比如密度过大或者过小,造成实验结果不准确。

② 注意计数原则:记上不记下,记左不记右,防止造成实验误差。

③ 在进行生长曲线的测定时,接种到培养孔中的细胞数量应该保持每孔一致,接种量应根据细胞的生长速度以及细胞的大小视情况而定,不能过多或过少,过少将使得细胞生长周期延长,过多将导致细胞在实验未完成前即需要传代,这两种情况下所得的生长曲线均不能准确地反映细胞的生长状况。

四、EdU 细胞增殖实验

【实验设备与材料】

① 实验仪器:CO_2 培养箱,倒置显微镜,荧光显微镜。

② 实验材料:A549 细胞,细胞移液器,3 cm 细胞培养皿,盖玻片,载玻片。

③ 实验试剂：RPMI - 1640 培养基（含 10% FBS）, 0.25% 胰蛋白酶, PBS, 75% 乙醇, EdU 工作液, 冷甲醇（提前一天放置 - 20 ℃冰箱预冷）, 洗涤液（3% BSA 的 PBS）, 通透液（0.3% Triton X - 100 的 PBS）, 封片剂。

EdU 工作液：配制 2× 即 20 μM 的 EdU 工作液。由于 EdU 工作液是与培养液等体积加入孔板中，所以需要配制成 2× 的工作液。EdU 终浓度为 10 μM（1×）。

【实验方法】

① 准备玻片：用镊子取出提前浸泡在 75% 乙醇中的盖玻片，放入 3 cm 细胞培养皿底部。

② 接种细胞：取生长状态良好的 A549 细胞，消化后按照 30% 的密度接种放有盖玻片的 3 cm 细胞培养皿中，待第二天细胞密度长到 50% ~ 60% 最佳。

③ 第二天，每个 3 cm 细胞培养皿加入 1 mL 2× EdU 工作液与培养基（1 mL）等体积混合，放回细胞培养箱孵育 2 h。

④ 移去 Edu 工作液，加入 1 mL 冷甲醇固定液，室温固定 15 min。

⑤ 去除固定液，洗涤液漂洗 3 次，每次 1 mL，每次 5 min。

⑥ 去除洗涤液，加入 1 mL 通透液置于摇床上，室温摇 15 min。

⑦ 去除通透液，再用洗涤液洗 2 次，每次 1 mL 洗涤液，每次 5 min。

⑧ 按照以下顺序和体积配制 Click 反应液。如果需要更多体积，可等比放大。1 mL Click 反应液：Click Reaction Buffer（860 μL）, CuSO$_4$（40 μL）, Azide 555（2 μL）, Click Additive Solution（100 μL）。Click 反应液须在配制后 15 min 内使用。

⑨ 去除洗涤液，每个平皿中加入 800 μL Click 反应液，轻轻摇晃使其覆盖整个平皿底，室温避光孵育 30 min。

⑩ 去除 Click 反应液，用洗涤液洗 3 次，每次 1 mL，每次 5 min。

⑪ 按 1∶1000 用 PBS 稀释 Hoechst 33342（1000×），注意避光。

⑫ 细胞核染色：去除洗涤液，每个 3 cm 平皿加 1 mL 1× Hoechst 33342 溶液，室温避光孵育 10 min。

⑬ 去除 1× Hoechst 33342 溶液，再用洗涤液洗 3 次，每次 3 ~ 5 min。

⑭ 封片：用针挑取盖玻片，晾干片刻，在载玻片上滴加 10 μL 封片剂，将盖玻片有细胞的一面朝下，盖玻片从左向右压下，避免产生气泡。

⑮ 荧光显微镜下进行观察拍照，利用 ImageJ 软件对阳性信号比例进行统计分析。

注：现有多家公司的 EdU 检测试剂盒可供选择使用。本实验参考 BeyoClick EdU - 555 细胞增殖检测试剂盒为例，对操作步骤进行介绍。

【结果分析】

所拍摄的荧光照片如图 14 - 1，图 A 细胞核为蓝色荧光，图 B 展示的是增殖的细胞在荧光显微镜下呈现非常明亮的红色荧光，我们需要统计红色荧光细胞的个数占总细胞个数的比例，即（红色荧光细胞个数/总细胞个数）× 100%，每张荧光照片需要先进行此数值的统计。

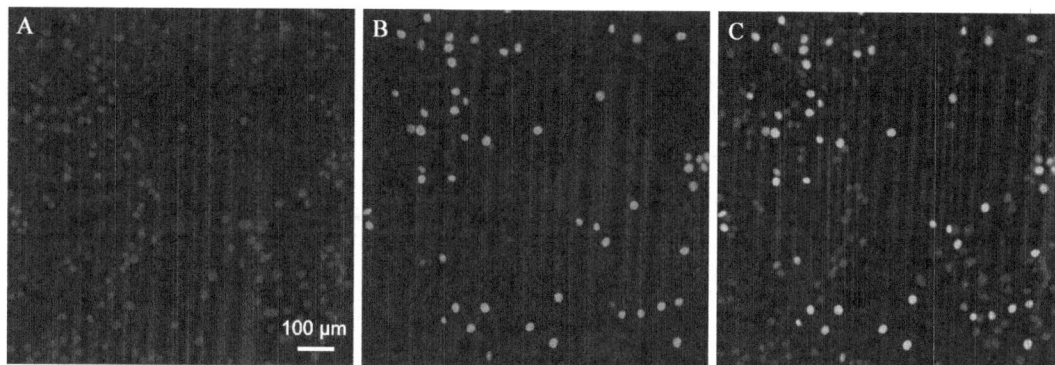

图 A 为细胞核;图 B 为 EdU 染色阳性信号;图 C 是图 A 和图 B 的叠加。

图 14 - 1　EdU 细胞染色显微观察图

【注意事项】

① Azide 555 和 Hoechst 33342 须避光保存,- 20 ℃保存,一年有效;Hoechst 33342 和 Click 反应液需要现配现用。

② Click Additive 配制成溶液后请注意适当分装。如果溶解后有白色物质析出,请上下颠倒多次,待全部溶解后使用。如果该溶液颜色变成棕色,说明该组分的有效成分已失效,请弃用。

③ 细胞密度切忌太高,50% ~ 60% 的密度为最佳。

④ 整个实验过程都尽量避光操作。

⑤ 盖玻片的处理:用镊子取出提前浸泡在 75% 乙醇中的盖玻片,放入 PBS 中润洗,取出润洗后的盖玻片,放入 3 cm 细胞培养皿中,必须将盖玻片紧紧贴在培养皿底部,防止后面接种细胞后盖玻片浮起来,会造成细胞无法在盖玻片上生长。

实验十五　细胞凋亡分析

【引言】

细胞凋亡(Apoptosis)是机体细胞在生理或病理因素的作用下,通过细胞内基因及其产物的调控而发生的一种程序性细胞死亡(PCD),主要作用是为了维持机体内环境的稳定。细胞凋亡是一个动态过程,其中涉及一系列复杂的生化反应,一系列的基因表达调控、信号转导,包括多种酶参与的级联反应和多种信号通路。细胞感受到凋亡信号后,胞内一系列控制开关开启或关闭,促使多种酶活化,引发一系列级联反应。不同的外界因素启动凋亡的方式不同,所引起的信号转导也不相同。细胞凋亡发生过程中,细胞呈现有特定的现象,如细胞体积缩小,细胞间连接消失,细胞质密度增加,线粒体膜电位降低乃至消失,线粒体膜通透性改变导致细胞色素 C 释放到胞浆,核质浓缩,核膜核仁破碎,DNA 降解成为片段,最终形成凋亡小体,被临近细胞或巨噬细胞吞噬。鉴于此,细胞凋亡可以根据以上细胞事件的发生利用各种手段进行检测。

【目的与要求】

① 掌握细胞凋亡相关知识,明确细胞凋亡的各种检测指标和手段。

② 掌握蛋白免疫印迹、DNA 电泳和流式细胞仪分析细胞凋亡的实验方法。

一、WB 分析凋亡相关蛋白

【实验设备与材料】

① 实验仪器: -20 ℃冰箱,高速离心机,低速离心机,蛋白电泳仪及电源,定时恒温磁力搅拌器,恒温水浴锅,翘板摇床,脱色摇床,全自动化学发光图像分析系统。

② 实验材料:细胞样品,BCA 试剂盒,PVDF 膜,脱脂奶粉,离心管。

③ 实验试剂:PBS,0.1% TBST,ECL 化学发光液,蛋白 Marker。

【实验方法】

① 将处理的细胞及其培养基一起收集到 15 mL 离心管中,800 rpm 离心 5 min 收集细胞(贴壁细胞,消化后用原始培养基中和胰酶后一起离心收集细胞)。

② 将收集的细胞用适量的 PBS 重悬后转移至 1.5 mL 离心管,2000 rpm 离心 3 min,弃上清,收集细胞。

③ 根据收集的细胞体积加入 5 倍细胞体积的裂解液,通过吹打重悬并裂解细胞。

④ 13000 rpm 离心 10 min,取上清,利用 BCA 法测定蛋白浓度。

⑤ 根据细胞裂解液的体积,加入适量 4×Loading Buffer,95～100 ℃加热 5 min,放置室温自然冷却。

⑥ 组装蛋白电泳设备,同时将冷却下来的细胞裂解液 13000 rpm 离心 3 min,按预设顺序依次在蛋白上样孔中加入蛋白 Marker 和待测细胞裂解液,进行 SDS－PAGE 电泳。

⑦ 电泳完成后,进行蛋白转膜,按照海绵、滤纸、胶、PVDF 膜、滤纸、海绵的顺序组装转膜系统,打开电源开始转膜,其间用 TBST 配制 5%脱脂牛奶做封闭液备用。

⑧ 转膜完成后,取 PVDF 膜放入 5%脱脂牛奶中,脱色摇床上孵育 0.5 h 进行封闭。

⑨ 封闭完成后,将 PVDF 膜放入一抗溶液中,4 ℃翘板摇床上孵育过夜。

⑩ 第二天,将一抗孵育完成的膜用 TBST 漂洗 3 次,每次 6 min,然后放入二抗溶液,在脱色摇床上室温孵育 2 h。

⑪ 二抗孵育结束后,用 TBST 漂洗 PVDF 膜 3 次,每次 6 min。

⑫ 在第三次漂洗 PVDF 膜时,配制发光液,在膜上滴加适量发光液,将 PVDF 膜均匀覆盖,然后尽快放入全自动化学发光图像分析系统中曝光,并保存结果。

【结果分析】

如图 15－1,通过蛋白免疫印迹技术,细胞发生凋亡作用时可以清楚地看到 Caspase－3 的活化片段及活化的 Caspase－3 对底物 PARP 的裂解作用。

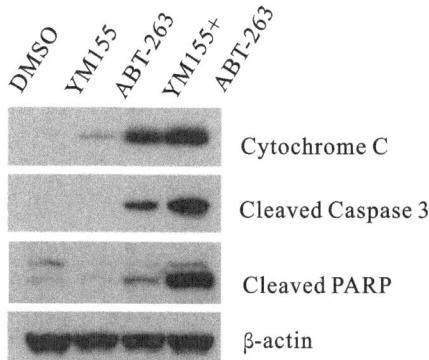

U251 细胞经 YM155、ABT－263 单独或联合用药处理,细胞质中检测到细胞色素 C、
激活的 Caspase－3 以及切割后的 PARP 蛋白。

图 15－1　蛋白免疫印迹实验检测 Caspase－3 激活以及 PARP 的切割

【注意事项】

① 电泳时电压可在 80～150 V 中灵活选择,时间不固定,以目的蛋白上下 Marker 间距足够为前提。

② 转膜时根据蛋白大小选择时间,并且注意 PVDF 膜与胶之间不要有气泡。

二、DNA 电泳法检测 DNA Ladder

【实验设备与材料】

① 实验仪器:– 20 ℃冰箱,高速离心机,低速离心机,核酸电泳仪及电源,NanoDrop 微量 UV – Vis 分光光度计,恒温水浴锅,紫外切胶仪,涡旋仪,超净台。

② 实验材料:细胞样品,琼脂糖,1.5 mL 离心管,2 mL 离心管,15 mL 离心管。

③ 实验试剂:细胞裂解液,蛋白酶 K,无水乙醇,TAE 缓冲液,70% 乙醇,去离子水,DNA Ladder,EB 染液。

【实验方法】

① 将对照组和处理组细胞计数后,分别取 $1 \times 10^6 \sim 2 \times 10^6$ 个细胞收集于 15 mL 离心管,800 rpm 离心 3 min,弃去上清,立即加入 1 mL 70% 乙醇悬浮细胞,将其转移至 1.5 mL 离心管并放置于 – 20 ℃冰箱固定 2 h。

② 取出 70% 乙醇固定的细胞,2000 rpm 离心 5 min,弃去上清。

③ 用 1 mL PBS 重悬细胞,2000 rpm 离心 5 min,弃上清,再重复漂洗 1 次。

④ 移去 PBS,迅速加入 400 μL 细胞裂解液,充分混匀后再加入 100 μL 蛋白酶 K,65 ℃水浴中消化 2 h。

⑤ 消化完成后加入 75 μL 的 8 M 醋酸钾,在 4 ℃静置 15 min,再加入 750 μL 氯仿,充分混匀后,10000 rpm 离心 10 min,转移上清移至新的 2 mL 离心管中。

⑥ 向上清液中加入 750 μL 无水乙醇,上下轻柔颠倒混合,即可见乳白色沉淀,若不明显时可置 – 20 ℃冰箱过夜,然后 12000 rpm 离心 10 min,弃去上清,可得到沉淀的 DNA。

⑦ 向沉淀中加入 1 mL 的 70% 乙醇并涡旋,充分溶解后,10000 rpm 离心 5 min,弃去上清(洗涤 DNA)。

⑧ 向 DNA 沉淀中加入适量的 37℃预热的去离子水,溶解 DNA,利用 NanoDrop 微量 UV – Vis 分光光度计测定 DNA 浓度。

⑨ TAE 缓冲液配置 1% 的琼脂糖凝胶,取适量待测的 DNA 或 DNA Ladder 加入上样孔,打开核酸电泳仪开关,80 V 恒压电泳 1 h。

⑩ 电泳完成后,在紫外切胶仪上观察结果并拍照。

【结果分析】

凋亡细胞出现梯状电泳条带,最小的条带为 180 ~ 200 bp,其他的条带为其整倍数大小(图 15 – 2)。坏死细胞则出现弥散的电泳条带,无清晰可见的条带。正常细胞 DNA 条带因分子量大,迁移距离短,故停留在加样孔附近。

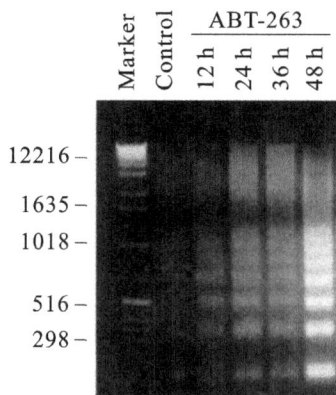

图 15 - 2　核酸电泳检测 DNA 降解条带

【注意事项】

① 核酸电泳时佩戴口罩,防止吸入 EB 等致癌物。

② 注意电泳正负极,DNA 是由负极向正极移动。

三、Annexin V/PI 双染法检测细胞凋亡

【实验设备与材料】

① 实验仪器:流式细胞仪,高速离心机,低速离心机,生物安全柜,CO_2 细胞培养箱。

② 实验材料:细胞样品,滤网,锡箔纸。

③ 实验试剂:Annexin V – FITC,PI,Binding Buffer,PBS。

【实验方法】

① 将待测细胞及其培养基一起收集到 15 mL 离心管中,800 rpm 离心 5 min 收集细胞。

② 将收集的细胞用 PBS 漂洗 1 次,800 rpm 离心 3 min。

③ 将收集的细胞重悬于 200 μL Binding Buffer 中,依次加入 2 μL Annexin V – FITC 溶液,37 ℃培养箱避光孵育 30 min,然后加入 4 μL 0.5 mg·mL^{-1} PI 溶液,37 ℃培养箱避光孵育5 min。

④ 用流式细胞仪进行荧光检测,Annexin V – FITC 最大激发光为 488 nm,发射光为 520 nm;PI 最大激发光为 535 nm,发射光为 617 nm。

【结果分析】

如图 15 – 3 所示,Annexin V – FITC 阴性和 PI 阴性代表正常活细胞,位于左下象限;Annexin V – FITC 阳性和 PI 阴性代表凋亡早期的细胞,位于右下象限;Annexin V – FITC 阳性和 PI 阳性代表凋亡晚期的细胞或坏死的细胞,位于右上象限;Annexin V – FITC 阴性和 PI 阳性的细胞,位于左上象限,通常是 PI 标记时间过长,或者操作过于剧烈而造成。

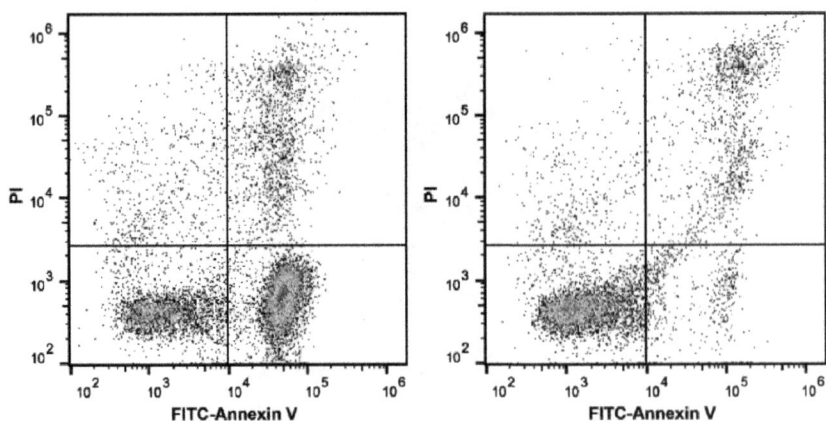

图 15 - 3　流式细胞术检测细胞凋亡

【注意事项】

① 该实验过程中要严格避光,并且在 PI 孵育结束后尽快(1 h 内)完成流式细胞仪上样检测,防止荧光淬灭。

② 操作过程中要轻柔小心,避免剧烈吹打等操作损伤细胞。

③ 流式细胞仪检测需要准备阴性对照(不加染料)、阳性对照(同时加两种染料)和单染样品(分别只加一种染料)。

④ 孵育完毕的细胞准备上样前可放置于冰上,并用锡箔纸盖住避光;在流式细胞仪上样前用滤网过滤细胞,避免细胞团堵塞流式细胞仪。

⑤ 如果细胞本身表达有 GFP,会干扰 FITC 荧光信号,需选择其他荧光标记的 Annexin V。

【参考文献】

[1] KOOPMAN G, REUTELINGSPERGER C P, KUITEN G A, et al. Annexin V for flow cytometric detection of phosphatidylserine expression on B cells undergoing apoptosis [J]. Blood. 1994,84(5):1415 – 1420.

[2] WONG R S. Apoptosis in cancer: from pathogenesis to treatment [J]. J Exp Clin Cancer Res. 2011,30 (1):87.

实验十六　细胞运动的分析

【引言】

细胞运动是指细胞通过微丝、微管等细胞骨架的构成与调控,以及细胞膜对外界的反应和信号传导,完成对自身位置和周围环境的感知和响应,从而实现细胞的形态变化和迁移的过程。细胞运动在生命活动中具有重要的意义,对于低等的单细胞生命,可以通过运动趋近食物和远离伤害,对于多细胞高等生命,细胞的运动对胚胎发育、组织器官成熟、免疫应答等过程必不可少。

肿瘤细胞运动的检测方法主要有体内实验和体外实验。体内实验是利用裸鼠皮下移植瘤或原位移植瘤模型,分析肿瘤细胞在小鼠体内转移到如肝脏、肺等组织器官的能力。细胞运动的体外实验有划痕实验、侵袭实验和趋化实验等。随着新技术新仪器设备的推广应用,对于细胞运动轨迹及运动能力可以进行直观的观测与分析,利用高内涵显微成像系统分析细胞的运动就是其中之一。应注意,细胞运动的体外检测方法主要针对贴壁细胞,悬浮细胞不适宜做细胞划痕实验等体外实验,可利用体内实验进行检测。本实验,将着重介绍划痕实验、侵袭实验和利用高内涵显微成像系统分析细胞的运动这三种体外实验方法。

【目的与要求】

① 了解划痕实验、Transwell 实验的原理及操作步骤。

② 了解和掌握高内涵细胞成像分析系统的使用及图片处理方法。

一、划痕实验

【实验设备与材料】

① 实验仪器:生物安全柜,倒置显微镜,CO_2 培养箱。

② 实验材料:A549 细胞,24 孔板(或 6 孔板),直尺,10 μL 枪头,Marker 笔,移液器。

③ 实验试剂:RPMI – 1640 培养基(含 10% 胎牛血清),0.25% 胰蛋白酶,PBS,RPMI – 1640 培养基(无血清),75% 乙醇。

【实验方法】

1. 实验前准备

① 提前一天把直尺用 75% 酒精擦干净放到生物安全柜中紫外灭菌,以备第二天划痕操作时使用。

② 生物安全柜用紫外线照射 30 min,然后用 75% 酒精擦拭,保证台面无菌。

③ 生物安全柜中摆放好消毒及灭菌过的 PBS、无血清培养基、直尺、移液器、10 μL 枪头、Marker 笔、废液缸等耗材和试剂。

2. 划痕实验

① 以 A549 细胞为例,细胞接种之前先用 Marker 笔在 24 孔板(或 6 孔板)的背面适当位置画出横线标记,方便拍照时定位在同一视野。细胞消化后接种到 24 孔板(或 6 孔板),数量以贴壁后铺满板底为宜(数量少时可培养一段时间至细胞铺满板底)。

② 细胞长满后,在直尺的辅助下用 10 μL 白色枪头垂直于孔板制造细胞划痕,划痕位置尽量在先前 Marker 笔的标记位置,方便拍照时定位在同一视野,划痕的宽度保持一致。

③ 弃去细胞培养液,用 PBS 冲洗孔板三次,洗去划痕产生的细胞和细胞碎片,加入无血清培养基,倒置显微镜下拍照记录 0 h 各个实验组的划痕宽度。

④ 将培养板放回培养箱中培养,然后在适当的时间点,如 12 h、24 h、36 h 等时间点取出细胞培养板,显微镜下 4 倍镜观察并拍照记录划痕的宽度(具体时间依实验需要而定)。

⑤ 结果分析:使用 ImageJ 软件打开图片后,随机划取 6 至 8 条水平线,计算细胞间距离的均值。

【结果分析】

随着观测时间,划痕间隙逐渐被运动迁移过来的细胞所占据,表现为划痕间距逐渐缩小,最终细胞填满整个间隙(图 16 - 1)。

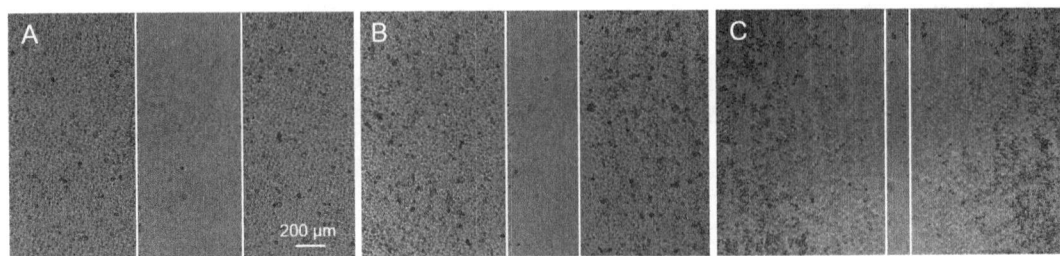

A549 细胞接种 6 孔板,划痕后分别在 0 h(A)、

24 h(B)和 48 h(C)观察细胞迁移情况。

图 16 - 1 划痕实验

【注意事项】

① 一定要用 Marker 笔标记划痕的位置,防止后期拍照找不到划痕的视野。

② 所有能灭菌的用具都要灭菌,直尺和 Marker 笔操作前用紫外灯照射 30 min。

③ 建议细胞接种 6 孔板,因为 6 孔板可以保证有相当距离的平直划痕,而且因为有 5 条定位线,与划痕相交,这样就有 10 个可固定监测点,可缩小结果的计算误差。

④ 如果连续监测 24 h 或以上,就需要考虑到划痕缩小是细胞迁移和细胞繁殖共同作用的结果,而不是单纯的细胞迁移。如果单纯地考虑细胞迁移,可以先用丝裂霉素($1~\mu g~mL^{-1}$)处理 1 h,抑制细胞的分裂,这样结果就主要是细胞迁移的作用了。另外,使用无血清培养基也可以降低细胞增殖对实验结果的影响。

⑤ 照片拍完之后,建议用 ImageJ 来测量分析划痕区域的面积,定量比较细胞迁移的速度。

二、Transwell 实验

【实验设备与材料】

① 实验仪器:生物安全柜,CO_2 培养箱,正置显微镜。

② 实验材料:A549 细胞,Transwell 小室,计数板,24 孔板,棉签,移液器。

③ 实验试剂:甲醇,PBS,RPMI - 1640 培养基(含 10% 胎牛血清),RPMI - 1640 培养基(无血清),0.1% 结晶紫,33% 冰醋酸,Matrigel,75% 酒精。

【实验方法】

1. Transwell 实验前准备

① 将 Matrigel 提前一天放置于 4 ℃ 冰箱解冻。

② 生物安全柜用紫外线照射 30 min,然后用 75% 酒精擦拭,保证台面无菌。

③ 在生物安全柜中摆放好消毒灭菌过的移液管、培养基、PBS、废液缸等耗材和试剂。

2. Transwell 实验步骤

① Transwell 小室制备:在冰上操作,用无血清培养基稀释 Matrigel,使其终浓度为 $400~\mu g~mL^{-1}$,取 100 μL 稀释的 Matrigel 加入 Transwell 小室中,使其均匀覆盖小室底部膜上室面,放入 37 ℃ 培养箱中 1 h 进行水合,1 h 后小心吸去培养基,接种细胞。

② 消化并收集 A549 细胞,用 PBS 清洗 2 次,彻底除去残留的血清成分,800 rpm 离心 3 min,用无血清 RPMI - 1640 培养基重悬,对细胞进行计数,计数后调整细胞密度至 2×10^5 个/mL。

③ 取与 Transwell 小室相匹配的 24 孔板,每孔中加入 500 μL RPMI - 1640 培养基,将小室放在 24 孔板中,取 500 μL 细胞悬液接种在小室上室中。

④ 将接种好的孔板放在培养箱中培养 12 ~ 48 h。不同细胞的迁移速度不同,因此培养的时间需要预实验进行筛选,例如 A549 细胞培养 12 h 左右,主要依据各类癌细胞侵袭能力而定。

⑤ 培养完成后将放有小室的 24 孔板从培养箱中取出,弃去小室上室及 24 孔板中的培养基。

⑥ 在小室中加入 300 μL PBS,24 孔板的相应孔中加入 600 μL PBS,用 PBS 清洗小室 3 次。

⑦ 弃去 PBS 后,在 24 孔板中加入 750 μL 甲醇,放入小室固定 10~15 min。

⑧ 固定完成后吸去甲醇,在 24 孔板中加入 750 μL 0.1% 结晶紫溶液对细胞进行染色,染色 30 min。

⑨ 染色完成后用棉签轻轻擦去小室内的细胞及基质胶,在 24 孔板中加入去离子水,将小室放入水中浸泡 2 次,每次浸泡 10 min,去除多余结晶紫染料。

⑩ 洗涤完成后可将小室反扣,使其下室面朝上,使用正置显微镜成像,取若干视野采集图像,进行细胞计数。

⑪ 采集图像之后,可在每个 24 孔板的孔中加入 600 μL 33% 冰醋酸(母液用 PBS 稀释),将小室浸泡在孔中,洗脱结晶紫。

⑫ 结晶紫洗脱后可从 24 孔板中每孔吸出 200 μL 于 96 孔板中,酶标仪于 570 nm 处检测 OD 值,间接对迁移细胞进行定量分析。

【结果分析】

穿过小室膜后附着在膜的下室侧的"贴壁"细胞,结晶紫染色后,使用正置显微镜进行观察和拍照,可在镜下计数细胞(图 16-2)。

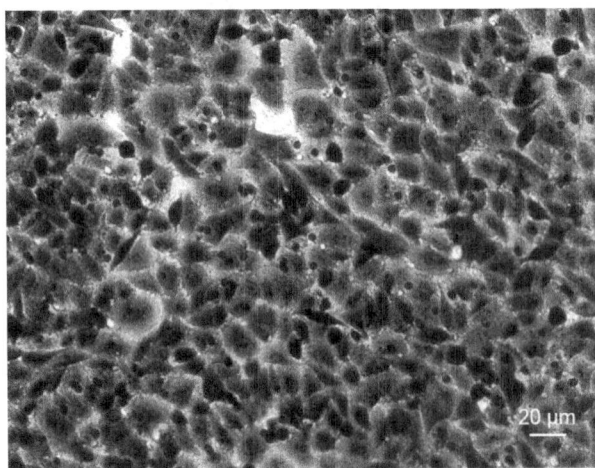

图 16-2 穿过小室膜后附着在膜的下室侧的"贴壁"细胞结晶紫染色

【注意事项】

① 将小室放入培养板时,要注意不要有气泡产生,因为一旦有气泡,下层培养液的趋化作用就减弱了。

② 用棉签小心擦去 Transwell 小室内没有迁移的细胞时,不能碰到已经穿膜的细胞。

③ 难穿膜的细胞可以用无血清培养基饥饿处理 12~24 h。

④ 不同厂家不同型号的小室,膜的面积不尽相同,但拍照统计时还是应当选取固定的

位置,并选择尽可能多的视野。也可用手术刀将膜切下后染色,并贴在玻片上,滴二甲苯,再盖上盖玻片,就可以长期保存。

⑤ 染色:常用的染色方法有结晶紫染色、台盼蓝染色、Giemsa 染色、苏木精染色、伊红染色等,其中采用 0.1% 结晶紫染色有如下优势:不需要固定细胞,直接染色即可;配制简单方便;染色后可以用 33% 醋酸脱色,将结晶紫完全洗脱下来,洗脱液可在酶标仪上 570 nm 测其 OD 值,间接反映细胞数。使用结晶紫染色要注意,染色前要将膜风干,否则可能会染不上色。

三、高内涵显微成像分析

【实验设备与材料】

① 实验仪器:高内涵细胞成像分析系统,生物安全柜,CO_2 培养箱。

② 实验材料:细胞培养皿,成像耗材(孔板),A549 细胞。

③ 实验试剂:RPMI – 1640 培养基。

【实验方法】

1. 实验前细胞准备

以测定药物处理对细胞迁移影响为例,把 A549 细胞的对照组与实验处理组提前接种 24 孔板,保证第二天细胞贴壁密度为 30% ~ 40%,加药处理后立即放入高内涵成像系统中,对细胞运动迁移情况进行记录。

2. 仪器操作及图像分析

(1)图像采集

① 开启 Operetta 与 Harmony。

a. 打开电源开关:依次开启电脑、Operetta 主机、氙灯。

b. 进入 Window,登录用户名及密码,双击桌面 Harmony 图标并登录。

② 设置拍摄条件。

a. 点击 Open Lid,等待"You may open the lid now"出现,手动掀开 Operetta 主机上盖,放入待测细胞板,放下上盖。

b. 点击操作流程指示区的"Setup",设置图像采集条件:点击按钮"new",消除上一次实验的信息;点击下拉箭头,选择测试细胞板的品牌规格:syt – 24;点击下拉箭头,选择物镜倍数:20 × long WD;选择是否 confocal 模式:Non – confocal;设置激发光功率,一般为 50%,可根据实验条件进行调整;设置明场光功率,一般为 50%,可根据实验条件进行调整;选择设置开启温度及 CO_2。

c. 设置图像荧光/明场通道:点击"Channel Seletion",点击" + ";弹出 Load Channel 窗口,选择待测板中所需通道,明场为" Brightfield";选择"DPC(Digital phase contrast)"及"Brightfield",Time 设置为 200 ms,Height 设置为 2 μm。

d. 在屏幕右侧 plate 窗口点击选择一个孔,在 Well 窗口点击选择一个视野,点击成功显示橙色。

e. 在"Channels Selection"窗口点击"Snapshot",所采集的图像会出现在屏幕中心位置。

f. 打开图像控制区 Channels 的下拉镜头,移动滑块,调整颜色和对比度。

g. 调整 Time(曝光时间)与 Height(聚焦高度),以获取清晰图像。

h. 可以在 well 窗口选择另外视野,点击 Snapshot 采集另一张图片,共采集 3～5 个代表性的孔,确定整板最佳曝光时间与聚焦高度,手动输入到 Time 和 Height 后面的输入框中。

i. 选择要拍摄的孔与视野:在屏幕右侧的"plate"窗口用鼠标选中要拍摄的孔,点击"Select",被选中的孔变灰色;在"Well"窗口用鼠标选中要拍摄的视野,点击"Select",被选中的视野变灰色。

j. 需活细胞长时间拍摄,可设置时间系列参数:点击"Time Series"下拉箭头,分别填写拍摄时间点与拍摄间隔,设置"Fixed Interval"为 30 min。

k. 点击"Save"存储实验条件,命名为实验名称,点击"OK",保存成功。

③ 图像采集与保存。

a. 点击操作流程指示区的"Run Experiment"。

b. 点击"Settings",在弹出窗口选择"Assay Layout Editor",可以在弹出窗口选择输入细胞板药物浓度及细胞类型等信息,点击"Save",命名并保存。

c. 点击"Assay layout"右侧按键,选取保存的板位信息。

d. 手动键入 Plate name,点击"Start"即可开始拍摄。

e. 拍摄完毕后 TIFF 格式会自动保存在数据库"Measurement",在图片上点击鼠标右键,"Save Image"可保存图片为 JPG 或 PNG 格式,此处选择 DPC 数字相差对比度成像模式导出图片。

(2)Image Analysis 图像分析

① 图像分析参数设定。

a. 点击操作流程指示区的"Image Analysis"。

b. 点击"Analysis"右侧按键,弹出"Load Analysis",可选择预设分析程序"RMS Cell Counting"。

c. 选择一张图片作为分析对象,调整参数以得到最佳统计结果。

d. 输出结果设定:在"list of output"中勾选需要输出的参数。

e. 点击"Test"或"Apply"输出单张图片结果,点击"Save"保存分析程序。

② 结果评估及数据输出。

a. 点击操作流程指示区的"Evaluation"。

b. 鼠标左键拖拉选择要分析的区域(显示为橙色),点击"Start"开始多孔分析。

c. 分析结束后,通过"Readout parameter"右侧下拉菜单,选择显示参数,即可显示曲线。

d. 在图表上点击鼠标右键,"Save Image as"可保存图片为 JPG、GIF 或 PNG 等格式,也可使数据以 Excel 可读方式导出。

(3)仪器关机

关闭 Harmony 软件,关闭 Operetta 开关,关闭氙灯,关闭电脑。

【结果分析】

高内涵成像分析系统通过高分辨率共焦显微镜,可以同时聚焦和追踪单个或群体细胞,对细胞定时捕捉获取高分辨率的图像,对细胞的迁移、定位、大小等进行测定,对数据进行处理和分析,从而可定位细胞的空间分布等。图 16-3 展示了 A549 细胞受药物作用后迁移运动能力降低,表现为追踪的细胞运动分散距离缩短。

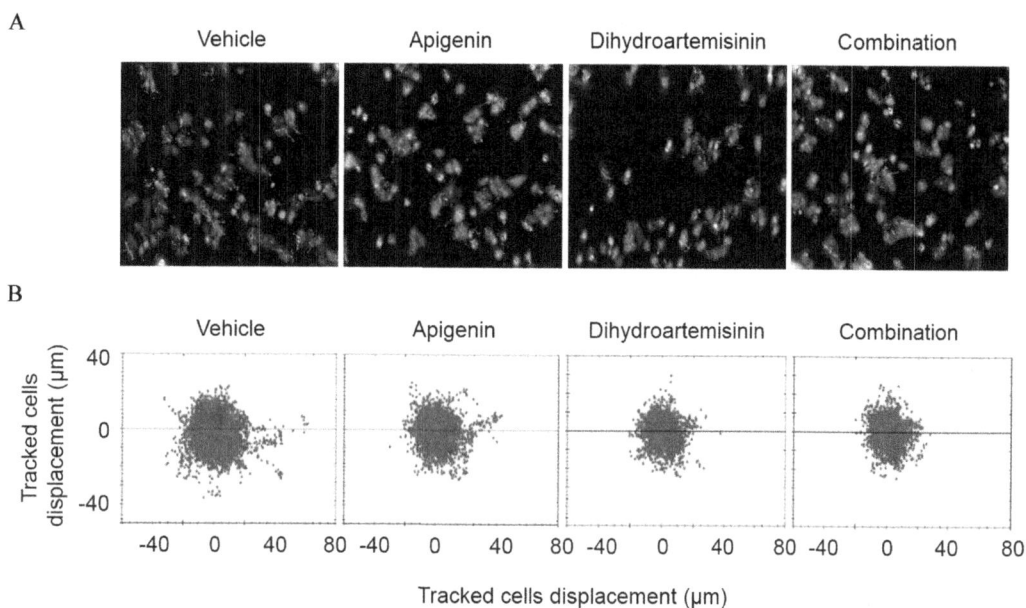

A549 细胞分别由芹菜素(Apigenin,10 μM)、双氢青蒿素(Dihyoartemisinin,5 μM)或联合用药(Combination)处理,高内涵成像系统分析细胞迁移。图 A 为 A549 细胞在高内涵成像系统下的细胞运动轨迹分析;图 B 为细胞的位移轨迹处理分析展示。

图 16-3　高内涵成像系统分析细胞迁移

【注意事项】

① 普通多孔板厚度约 1 μm,适合于 20 倍及以下镜头,为了达到更好的成像效果,当需要使用 40 倍、63 倍镜时推荐使用薄底多孔板。

② 药物筛选细胞排板时,每次实验需要包括阴性对照、阳性药对照、待测试剂做 3 倍梯度稀释,8 个浓度以保证量效关系曲线完整性,每个条件都需要 3 个或 3 个以上重复。

③ 实验中细胞信号与背景之间的比值需大于 3 倍。在提高信噪比上,可以通过饥饿处理降低背景,例如做高糖诱导实验检测蛋白表达时,可以先做低糖饥饿处理,可以降低阴性对照值,从而提高信号窗口。在做免疫相关实验时,需要考虑血清对实验的影响,建议使用热灭活胎牛血清,检测刺激物影响前尝试血清饥饿。

实验十七　细胞免疫荧光染色与观察

【引言】

免疫荧光技术(IF)与蛋白免疫印迹(Western blot)一样,是根据抗原抗体反应的原理,利用特异性抗体和荧光染料对目标分子进行检测和定位的一种免疫分析方法。该技术的原理是将荧光染料标记在具有特异性的抗体上,通过荧光显微镜观察并记录荧光信号,从而检测和定位特定的分子。

在免疫荧光技术中,荧光抗体的选择很关键,选择合适的荧光抗体和探针,可以提高实验的灵敏度、特异性和可靠性。一般会根据需要选择不同的染料。在选择时,需要考虑抗原特异性、稳定性和荧光强度等因素。常用的荧光抗体有可与特定抗原决定簇直接结合的荧光同型对决抗体、荧光染料结合的次级抗体、不需要结合抗体,可以直接与标记分子结合的荧光素和羧基甲基荧光素等类型。除此之外,还有多种荧光染料和探针可用于免疫荧光技术,如荧光素异硫氰酸酯(FITC)、罗丹明 B(Rhodamine B)、偶氮染料和双色荧光素(Cy2、Cy3、Cy5)等。在免疫荧光染色中,细胞核 DNA 可利用 DAPI($4'$,6 - 二脒基 - 2 - 苯基吲哚)或 Hoechst 33342($2'$ - [4 - 乙氧基苯基] - 5 - [4 - 甲基 - 1 - 哌嗪基] - $2,5'$ - bi - 1H - 苯并咪唑三盐酸化物三水合物)进行染色,显示细胞核存在及位置,用于细胞染色结果的分析参考。

免疫荧光技术是一种非常有用的生物学和医学分析方法,基于抗体与目标分子的特异性结合,借助荧光标记使目标分子变得可视化。免疫荧光技术可以用来检测、定位和鉴定细胞或组织中特定蛋白质的分布和表达情况,为我们揭示细胞和组织内部的分子机制提供有力的工具。

【目的与要求】

① 掌握细胞免疫荧光染色技术的方法与步骤。

② 了解并掌握激光共聚焦显微镜的操作,了解光镜下微丝、微管和线粒体的形态及基本结构。

【实验设备与材料】

① 实验仪器:激光共聚焦显微镜,生物安全柜,CO_2 培养箱,脱色摇床。

② 实验材料：A549 细胞，盖玻片，载玻片，暗盒，移液枪。

③ 实验试剂：75% 乙醇，4% 多聚甲醛，一抗，荧光二抗，Hoechst 33342，BSA，山羊血清，PBS，封片剂。

TOM20（一抗，标记线粒体）：置于 $-20\ ℃$ 冰箱保存备用，使用时 1:200 稀释到 0.3% BSA 溶液中。

β - Tubulin（一抗，标记微管）：置于 $-20\ ℃$ 冰箱保存，使用时 1:200 稀释到 0.3% BSA 溶液中。

Alexa Fluor 488 Phalloidin（微丝绿色荧光探针，标记微丝）：置于 $-20℃$ 冰箱保存备用，使用时 1:200 稀释到 0.3% BSA 溶液中。

Alexa Fluor 594（荧光二抗，用于标记 TOM20）：置于 4 ℃ 冰箱避光保存备用。

Alexa Fluor 488（荧光二抗，用于标记 β - Tubulin）：置于 4 ℃ 冰箱避光保存备用。

【实验方法】

1. 细胞培养

① 用 75% 乙醇浸泡 22 × 22 mm 玻璃盖玻片，备用。

② 使用前，将盖玻片从 75% 乙醇中取出，放于 3 cm 细胞培养皿中，用 PBS 清洗三次，洗去残余的乙醇。

③ A549 细胞消化后接种预先放置有盖玻片的 3 cm 细胞培养皿，细胞培养过夜。

2. 固定及封闭

① 取出 3 cm 细胞培养皿，去除培养基，用 2 mL PBS 快速漂洗细胞，去除残余培养基，重复 3 次。

② 加入 2 mL 4% 多聚甲醛，室温固定 15 min。

③ 吸出 4% 多聚甲醛，加入 2 mL PBS 洗涤细胞 3 次，每次 5 min。

④ 加入 1 mL 的 PBS 配制的 0.2% Triton X - 100 处理细胞 5 min，进行通透破膜。

⑤ 加入 2 mL PBS 洗涤细胞 3 次，每次 5 min。

⑥ 弃去 PBS，向盖玻片滴加 200 μL PBS 稀释的 10% 山羊血清，室温下封闭 30 min。

3. 抗原 - 抗体反应

① 孵育一抗：将一抗（TOM20 及 β - Tubulin），按照 1:200 的比例分别稀释到 0.3% BSA 中，向 3 cm 培养皿中的盖玻片上滴加 200 μL 一抗稀释液，避光条件下于 4 ℃ 冰箱孵育过夜。

② 孵育二抗：第二天，用 1 mL 的 0.1% BSA 洗涤细胞 4 次，每次 5 min。将荧光二抗（Alexa Fluor 594、Alexa Fluor 488）按照 1:200 的比例稀释到 0.3% BSA 中，向盖玻片上滴加 200 μL 二抗稀释液，室温避光孵育 2 h。

③ 用 2 mL PBS 洗涤细胞 3 次，每次 5 min。

④ Hoechst 33342 染色：将 Hoechst 33342 染液按照 1:1000 的比例稀释到 PBS 中，向盖玻片上滴加 200 μL 稀释的 Hoechst 33342 染液，室温避光孵育 10 min。

⑤ 用 PBS 缓冲液洗涤细胞 3 次，每次 5 min。

4. 封片与荧光显微镜观察

① 封片:用镊子小心将盖玻片从 3 cm 细胞培养皿中取出,将盖玻片倾斜置于滤纸上吸干水分,在载玻片中心滴加 10 μL 抗淬灭封片剂,细胞面向载玻片小心盖下,避免气泡。

② 尽快在荧光显微镜或激光共焦显微镜下观察、拍照。

【结果分析】

在荧光显微镜或激光共焦显微镜下可以观察到目标蛋白或分子被标记为明亮的荧光信号(图 17 - 1、17 - 2)。拍摄获取照片后,可以使用图像处理软件对图像进行分析和定量,从而得到荧光信号的定量结果;可通过分析荧光信号的位置和形状,确定受检测分子的定位。如果将不同条件下的样本进行比较,如对比实验组和对照组,可以确定受检测分子的表达或分布的变化情况。

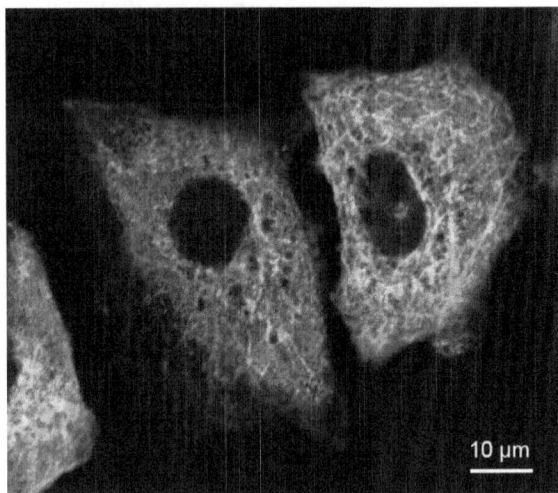

图 17 - 1　微管与线粒体的定位显示

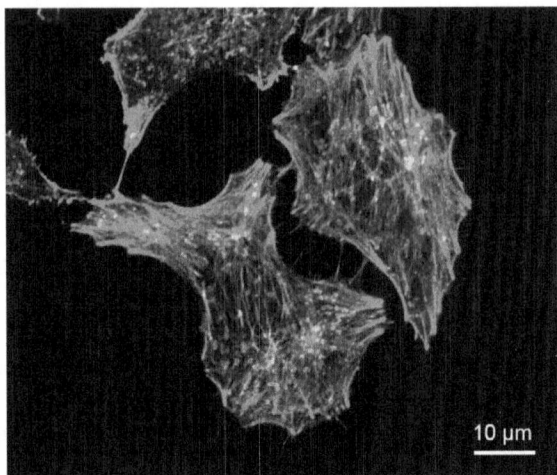

图 17 - 2　微丝与线粒体的定位

【注意事项】

① 细胞免疫荧光染色实验,细胞的密度不宜太高或过低,细胞密度 60% ~80% 为宜。

② 细胞免疫荧光染色后,尽量在 4 h 内完成观察或拍摄,或于 4℃ 短时间保存。时间过久,会导致荧光提前衰退。

③ 免疫荧光实验需设置阳性对照(阳性血清 + 荧光标记物)、阴性对照(阴性血清 + 荧光标记物)和荧光标记物对照(PBS + 荧光标记物)。

④ 实验操作过程中需要避光,防止荧光猝灭。

⑤ 在盖玻片上滴加一抗或二抗时,将盖玻片的周围用棉签小心擦干,可有效防止一抗或二抗溶液向外周漫延。

⑥ 为防止非特异性结合,实验过程中应严格控制封闭时间、一抗及二抗的浓度,并将一抗及二抗低温存放,避免因封闭不足、一抗或二抗浓度过高、一抗或二抗降解而产生误差。此外,也可通过"无一抗"对照加以确定是否发生二抗非特异性染色的问题。

⑦ 为排除自发荧光的影响,可在所有滤光片下检查未染色/未标记的组织,以确定这些信号是否是由于内源性自发荧光引起的。如果对照显示有自发荧光,那么可以在封闭和标记前以 1 mg mL^{-1} 硼氢化钠洗涤 3×10 min 进行还原。

实验十八　细胞自噬分析

【引言】

细胞自噬(Autophagy)是细胞在自噬相关基因的调控下利用溶酶体降解自身受损的细胞器和大分子物质的过程。在这个过程中,细胞将一些不需要的或损坏的细胞器、蛋白质和其他有机物质包裹成一个小囊泡,称为自噬体。这个自噬体会被运输到溶酶体中,然后被降解成基本的分子。

细胞自噬过程的观察和检测常用的策略和技术有以下几种:

① 显微镜观察:通过荧光显微镜或电子显微镜观察细胞内自噬小体的形态、数量和分布情况,可以初步判断细胞是否发生了自噬。

② 免疫印迹法:通过检测自噬相关蛋白质的表达水平来判断细胞自噬的程度。例如,检测 LC3 – II/I、Beclin – 1 等自噬相关蛋白质的表达水平可以反映细胞自噬的活性。

③ 融合蛋白检测法:利用绿色荧光蛋白(GFP)或其他荧光蛋白与自噬相关蛋白进行融合,以此来标记自噬小体的位置,从而观察细胞自噬的情况。

④ 自噬底物检测法:利用自噬作用对特定底物的降解来检测自噬的活性。例如,可以检测 p62 等自噬底物的降解情况来判断细胞自噬的水平。

需要强调的是,在细胞自噬检测过程中,以上这些方法可以相互印证,从不同角度和层面来评估细胞自噬的活性和水平。

本实验将介绍利用蛋白质印迹、透射电镜、免疫荧光等方法检测自噬标志蛋白及自噬体的产生,通过对细胞自噬过程中标志蛋白的表达和形态学特点,深入认识细胞自噬。

【目的与要求】

① 了解细胞自噬的种类与检测手段。

② 了解并掌握蛋白质免疫印迹、透射电镜观察和荧光检测细胞自噬的一般方法与步骤;了解电镜下细胞自噬过程的形态学变化。

一、Western blot 蛋白免疫印迹检测自噬

【实验设备与材料】

① 实验仪器:高速离心机,水浴锅,电泳仪,全自动化学发光图像分析系统,翘板摇床。

② 实验材料:SKOV - 3 细胞,移液器,PVDF 膜。

③ 实验试剂:30%丙烯酰胺溶液(29:1),Tris - base,SDS,四甲基乙二胺(TEMED),过硫酸铵(10% APS),甘氨酸(Glycine),甲醇,脱脂奶粉,LC3(一抗),二抗(兔源、鼠源),ECL 化学发光液。

【实验方法】

① 收集并裂解细胞:收集细胞于 1.5 mL 离心管中,依据收集细胞的量,加入适量的细胞裂解液,于冰上静置 10 ~ 15 min 进行裂解。

② 蛋白定量:13000 rpm,4 ℃离心 10 min,用 BCA 试剂盒进行蛋白定量,按照操作说明,制作浓度标准曲线,计算样品浓度。将样品与 4 × loading buffer 混匀,沸煮 5 min。13000 rpm 离心 3 min,室温下冷却后,备用。

③ 制胶:用自来水清洗胶板、胶条并晾干,用制胶框组装胶板,放置胶条,将制胶夹夹紧,在干净的 50 mL 离心管中按照不同胶浓度配方配制所需浓度的分离胶和浓缩胶(所用试剂及浓度配比参考实验二十四)。

④ 灌胶:将上述分离胶混合液充分混匀后灌入胶板中,并快速注入 1 mL 去离子水封胶,室温放置约 20 min,当水层和分离胶之间出线时,表明分离胶已经凝固,用移液枪吸走上层多余的水,灌入浓缩胶混合液后插入 15 孔梳齿。待浓缩胶凝固 20 min 后,从灌胶架取下胶板,垂直组装至电泳槽中的电源夹上,垂直拔出梳齿,电泳内外槽倒入稀释好的新鲜电泳缓冲液。

⑤ 上样:将制备好的蛋白样品,13300 rpm 离心 3 min,根据所需,计算出上样体积,用 10 μL 枪头小心上样。

⑥ SDS - PAGE 电泳:向电泳槽中补加电泳缓冲液,电源设置为恒压,先设置为 90 V 电泳至样品进入分离胶且蛋白 Maker 分离时,调为 120 V 电泳 1 h,当蓝色条带电泳至胶板底端时(避免条带电泳出去)停止电泳。

⑦ 转膜:将裁剪好的 PVDF 膜放到甲醇中活化 6 min,并准备好滤纸,将活化好的 PVDF 膜、海绵网浸泡在转膜缓冲液中,从电泳槽中拆下胶板,用尺子钝的一端,小心地受力均匀地撬开胶板,并将胶小心剥离,以"黑胶白膜"的原则,按照以下顺序依次放好转膜夹(黑色面在下,白色面在上)、海绵网、滤纸、胶、PVDF 膜(注意膜上用圆珠笔做好标记),并小心排出气泡,放入电泳转膜槽内,向电泳槽中倒入转膜缓冲液,放入磁力搅拌子和冰袋,置于磁力搅拌器上,接通电源转膜 2 h(采用恒流 200 mA)。

⑧ 封闭:转膜结束后,用镊子取出 PVDF 膜放到 5%封闭液(1.5 g 脱脂奶粉 + 30 mL TBST)中,封闭 30 min 左右。

⑨ 一抗孵育:按照所需蛋白分子量的大小裁剪 PVDF 膜,将膜对应的放入一抗(如,自噬相关抗体:LC3、p62)中,放于 4 ℃摇床上孵育过夜。

⑩ 二抗孵育:次日,将一抗中的膜取出放至 0.1%的 TBST 中,室温摇床上洗膜 3 次,每次 6 min,然后将膜放入对应的二抗(鼠源或兔源)中,室温摇床上孵育 2 h,再用 0.1%的 TBST 洗膜 3 次,每次 6 min。

⑪ 曝光:取发光液 A、B 混合液(A 液:B 液 = 1:1)滴加在膜上覆盖全膜,使其充分反应 3 ~ 5 s,注意避光,使用全自动化学发光成像系统,进行化学发光,对目标条带进行拍照,检测自噬相关蛋白表达情况。

【结果分析】

LC3 是一种与细胞自噬过程密切相关的蛋白质,由于其在自噬过程中的重要作用,被广泛地用于研究细胞自噬。LC3 有 LC3 – Ⅰ 和 LC3 – Ⅱ 两种主要的形态, LC3 – Ⅰ 是一个 18 kD 的单肽链蛋白,在自噬过程中,LC3 – Ⅰ 会被包括 Atg7 和 Atg3 在内的泛素样体系所修饰和加工,产生分子量为 14 kD 的 LC3 – Ⅱ 并结合到自噬囊泡上,参与自噬过程的分解作用。图 18 – 1 展示为细胞经血清饥饿后发生自噬,WB 检测显示 LC3 – Ⅱ 的表达显著升高。

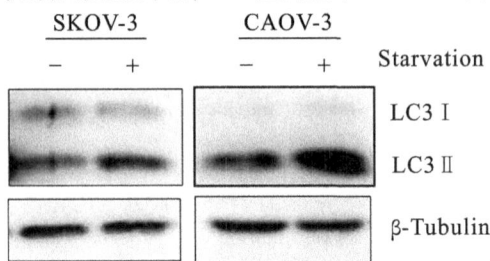

SKOV – 3 和 CAOV – 3 细胞经血清饥饿 24 h 后收样检测 LC3 的表达。

图 18 – 1　免疫印迹检测 LC3 – Ⅱ 的表达

【注意事项】

① 蛋白样品制备时要尽量去除核酸,多糖,脂类等分子杂质干扰,制备脂肪组织细胞样品时,裂解完毕离心之后取中层澄清溶液,勿吸到底层沉淀和上层脂类。

② 配制蛋白胶时应充分混匀胶液,排除两玻璃板之间所有的气泡,防止蛋白胶平面不平。

③ 电泳时选择合适的电流或电压,电流或电压过大会使温度过高导致蛋白条带形状不规范。

二、透射电镜检测自噬

自噬体是自噬的标志性结构。自噬体属于亚细胞结构,直径一般为 300 ~ 900 nm,平均 500 nm,普通光学显微镜下看不到。通过透射电子显微镜观测自噬体一直是观察自噬现象最直接、最经典的方法,是自噬检测的"金标准"。

【实验设备与材料】

① 实验仪器:高速离心机,水浴锅,超薄切片机,透射电子显微镜。

② 实验材料:SKOV – 3 细胞,移液器,150 目方华膜铜网。

③ 实验试剂:电镜固定液,无水乙醇,丙酮,包埋剂,0.25% 胰蛋白酶,0.1 M 磷酸缓冲液

PB(pH 7.4)。

【实验方法】

1. 细胞样品收集及初步固定

（1）消化法

① 取培养的细胞平皿,弃培养基,加入 0.25% 胰蛋白酶对细胞进行消化（时间不宜过长）。

② 加培养基终止消化,移液管轻轻吹打至细胞悬浮。转入离心管,低速离心 3~5 min,细胞团要有绿豆大小。

③ 弃上清,加入电镜固定液（固定液需提前恢复至室温）,细胞团吹散重悬。

④ 室温避光固定 30 min。固定后的细胞可转移至 4 ℃ 保存,保存过程中固定液切勿冷冻结冰。

（2）刮取法

① 取培养的细胞（细胞密度不超过 70% 为佳）,弃培养基,加入电镜固定液（固定液需提前恢复至室温）。

② 室温避光固定 5 min,用细胞刮沿一个方向轻轻刮下细胞,切记不要反复刮,避免细胞破碎。

③ 将细胞悬液转移至 15 mL 离心管内,放入离心机 3000 rpm,离心 5 min,细胞团要有绿豆大小。

④ 弃固定液后加新的电镜固定液,细胞团吹散重悬。

⑤ 室温避光固定 30 min。固定后的细胞可转移至 4 ℃ 保存,在保存过程中固定液切勿冷冻结冰。

2. 透射电镜样本制备

① 锇酸固定:0.1 M 磷酸缓冲液 PB(pH 7.4)配制的 1% 锇酸避光室温固定 2 h。

② 0.1 M 磷酸缓冲液 PB(pH 7.4)漂洗 3 次,每次 15 min。

③ 室温脱水:样品依次在 30%、50%、70%、80%、95%、100% 酒精上进行脱水,每次 20 min,之后在 100% 丙酮孵育两次进行脱水,每次 15 min。

④ 渗透包埋。

a. 丙酮: 包埋剂 = 1:2 混合,室温孵育 2 h。

b. 包埋剂 37 ℃ 孵育过夜。

c. 将包埋剂倒入包埋板,将样品插入包埋板后 37 ℃ 烤箱过夜。

⑤ 聚合:包埋板放于 60 ℃ 烤箱聚合 48 h,取出树脂块备用。

⑥ 超薄切片:树脂块于超薄切片机 60~80 nm 超薄切片,150 目铜网捞片。

⑦ 染色:铜网于 2% 醋酸铀饱和酒精溶液避光染色 8 min;70% 酒精清洗 3 次;超纯水清洗 3 次;2.6% 枸橼酸铅溶液避二氧化碳染色 8 min;超纯水清洗 3 次,滤纸稍吸干。铜网切片放入铜网盒内室温干燥过夜。

⑧ 透射电子显微镜下观察,采集图像分析。

【结果分析】

在透射电镜下观察到的自噬体通常呈现为被膜包裹的圆形或椭圆形的囊泡结构,其大小可以从数十纳米到几微米不等,而且随着自噬过程的进行而发生不同的变化。图 18 - 2 展示了 SKOV - 3 细胞经血清饥饿后发生自噬,自噬体在透射电镜下的不同阶段的形态。对照细胞中细胞结构清晰,无自噬体发生。

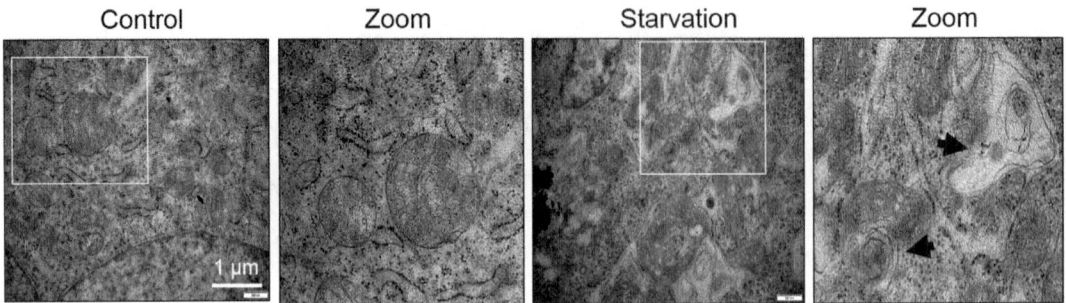

SKOV - 3 细胞的对照及饥饿处理后细胞透射电镜观察。

图 18 - 2 细胞自噬的透射电镜观察

【注意事项】

电镜样品需要干燥无水。样品在电镜真空腔室内,如果样品中含水或易挥发溶剂,会在真空环境中挥发出来,水蒸气或挥发溶剂会加速灯丝阴极材料挥发,从而极大降低灯丝寿命,也会引起电镜真空错误,散射电子,降低仪器分辨能力和信噪比。

三、活细胞荧光显微镜成像系统观察自噬

【实验设备与材料】

① 实验仪器:活细胞荧光显微镜成像系统,CO_2 培养箱,生物安全柜。

② 实验材料:移液器,显微镜载玻片,盖玻片,SKOV - 3 细胞,24 孔玻璃底平板,pCDH - CMV - mRFP - EGFP - LC3 慢病毒。

③ 实验试剂:RPMI - 1640 培养基,0.25% 胰酶,嘌呤霉素。

【实验方法】

① 取生长状态良好的 SKOV - 3 细胞,消化,按照 35% ~50% 的密度接种到 6 cm 细胞培养皿,待次日贴壁细胞的密度约为 55% ~65%。

② 次日,取出提前制备的 pCDH - CMV - mRFP - EGFP - LC3 慢病毒,待其解冻后,吸走 SKOV - 3 细胞培养基,在细胞培养皿中小心滴加 1 mL 的 pCDH - CMV - mRFP - EGFP - LC3 慢病毒,放回 CO_2 培养箱继续培养,6 h 后补加 2.5 mL RPMI - 1640 培养基。

③ 继续培养 1 天后,对 SKOV - 3 细胞进行消化并用含有嘌呤霉素的培养基进行筛选培

养。在荧光显微镜下观察感染病毒的细胞株在不同激发光条件下已经表达绿色荧光和红色荧光,证实 mRFP - EGFP - LC3 表达 SKOV - 3 细胞株构建成功。

④ 将构建成功的 SKOV - 3 细胞按照 30% 的密度接种于 24 孔玻璃底平板(显微镜拍照专用)中,放于 37 ℃二氧化碳培养箱中培养过夜,使其稳定贴壁。

⑤ 对接种 24 孔玻底平板的细胞进行药物或饥饿处理,诱导细胞自噬发生。

⑥ 活细胞显微镜下成像,分析红绿荧光的比值,判断自噬的发生。

【结果分析】

mRFP - EGFP - LC3 是常用的自噬双荧光检测质粒,自噬形成时,mRFP - EGFP - LC3 融合蛋白转移至自噬体膜,在荧光显微镜下形成黄色荧光(红光 + 绿光)斑点,但 LC3 携带的 EGFP 绿色光在自噬体与溶酶体融合形成自噬溶酶体的酸性条件下会发生淬灭,而 mRFP 红色荧光耐受降解,使自噬溶酶体呈红色亮点。因此 mRFP 红色荧光可全程标记和追踪 LC3,而 EGFP 的减弱可以指示自噬体和溶酶体的融合。当自噬被诱导时,黄色亮点(主要是自噬体)和红色亮点(自噬溶酶体)都增加,当自噬被抑制引起自噬体生成减少时,黄色亮点和红色亮点都减少,因此可以通过 mRFP - EGFP - LC3 荧光指示系统来监测自噬流。图18 - 3 利用活细胞成像系统观察 SKOV - 3 细胞经饥饿处理后自噬的发生。相较于对照细胞,SK-OV - 3 细胞经饥饿处理后红色荧光相较于绿色荧光显著增强,提示自噬的发生。

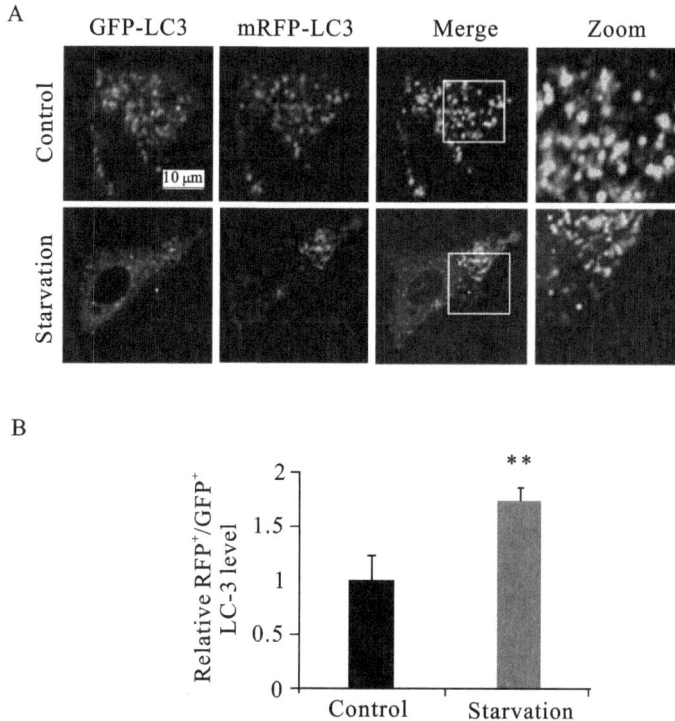

SKOV - 3 细胞经饥饿处理后,荧光显微镜观察 LC3 的荧光变化(A)及红色与绿色荧光的对比分析(B)。

图 18 - 3 活细胞成像观察自噬发生

【参考文献】

［1］MIJALJICA D, PRESCOTT M, DEVENISH R. Autophagy in disease［J］. Methods Mol Biol. 2010, 648：79 – 92.

［2］HALE A, LEDBETTER D, GAWRILUK T, et al. Autophagy：regulation and role in development［J］. Autophagy. 2013,9：951 – 972.

［3］马泰,孙国平,李家斌.细胞自噬的研究方法［J］.生物化学与生物物理进展,2012,39(3)：204 – 209.

［4］KIMURA S, FUJITA N, NODA T, et al. Monitoring autophagy inmammalian cultured cells through the dynamics of LC3［J］. Methods Enzymol. 2009,452：1 – 12.

实验十九　细胞组分的分离和鉴定

【引言】

细胞器是维持细胞复杂生命活动的功能性器官,为了更好地从亚细胞水平上理解细胞的结构和功能,以及细胞器组成成分等,有必要将某些细胞器从细胞中分离纯化出来。细胞组分分离是一种常用的生物学技术,通过分离不同的细胞组分,我们可以研究它们各自的化学成分、作用机制和各组分之间的相互作用,也可以深入了解它们的功能和参与的生物化学过程,从而更好地理解生命的机理。细胞组分分离技术在生物学研究和医学实践中有着广泛的应用价值。

细胞组分分离的原理基于不同细胞组分之间的物理和化学性质上的差异。常见的细胞组分包括细胞核、线粒体、内质网和高尔基体等,它们之间具有不同的密度、大小、电荷和亲疏水性等特征。不同细胞器大小和密度存在差异,因此其在介质中的沉降系数各不相同,利用这种性质,我们可以利用分级分离的方法来分离不同的细胞器。

【目的与要求】

① 了解细胞组分分离的原理与方法。
② 了解并掌握细胞核、线粒体和内质网等细胞组分的分离鉴定方法。

【实验设备与材料】

① 实验仪器:小型高速冷冻离心机,超速离心机,显微镜。
② 实验材料:10 mL 玻璃匀浆器,血球计数板,50 mL 离心管,1.5 mL EP 管,封口膜。
③ 实验试剂:PBS,MS Homogenization Buffer(1 ×),MS Homogenization Buffer(2.5 ×),RSB Hypo Buffer。

MS Homogenization Buffer(1 ×)的配制:称取 1.91 g 甘露醇、1.2 g 蔗糖、14.6 mg EDTA,溶于 45 mL 左右的去离子水中,加入 250 μL 20 mM Tris - HCl(pH 7.5),调节 pH 至 7.5,去离子水定容到 50 mL,过滤除菌后保存于 4 ℃。

MS Homogenization Buffer(2.5 ×)的配制:称取 4.78 g 甘露醇、3 g 蔗糖、36.5 mg EDTA,溶于 45 mL 左右的去离子水中,加入 625 μL 20 mM Tris - HCl(pH 7.5),调节 pH 至 7.5,去离子水定容到 50 mL,过滤除菌后保存于 4℃。

RSB Hypo Buffer 的配制：称取 8.3 mg MgCl₂ 溶于 45 mL 左右的去离子水中，加入 100 μL 5 M NaCl、500 μL 20 mM Tris - HCl，调节 pH 至 7.5，去离子水定容到 50 mL，过滤除菌后保存于 4 ℃。

【实验方法】

1. 实验前准备

① PBS、MS Homogenization Buffer（1 ×）、MS Homogenization Buffer（2.5 ×）、RSB Hypo Buffer 提前放置于冰箱 4 ℃预冷，小型高速冷冻离心机开机预冷至 4 ℃。

② 10 mL 玻璃匀浆器置于冰盒，准备 50 mL 离心管和 1.5 mL EP 管若干，置于冰上预冷。

2. 分离细胞核、线粒体、内质网和胞质蛋白

① 收获细胞（8 个 10 cm 细胞培养皿，细胞密度达到 90%），收集于 50 mL 离心管中，于 700 rpm 离心 3 min，弃上清。

② 先用 5 mL 预冷的 PBS 重悬细胞，分出 0.2 mL 细胞悬液置于 1.5 mL EP 管，离心收样作为总蛋白对照样品，剩余细胞液中再加入 25 mL PBS 再次充分洗涤细胞，于 700 rpm 离心 3 min 收集细胞，弃上清。

③ 加入 3 mL RSB Hypo Buffer 重新悬浮细胞，让细胞膨胀 5 ~ 10 min。取 10 μL 细胞液与 10 μL 台盼蓝混合后加至血球计数板上，用显微镜观察细胞膨胀情况，并将此作为未裂解的细胞液对照组。

④ 转移细胞液到一个 10 mL Dounce 匀浆器中，用研杵（小间隙型）研磨 5 ~ 6 次使膨胀细胞破碎。取样用台盼蓝染色后显微镜观察细胞裂解情况，当裂解细胞达到或略超过总数 50% 左右即可停止匀浆进行下一步操作。

⑤ 加入 2 mL 2.5 × MS 缓冲液至终浓度为 1× MS。用封口膜封住匀浆器顶端，并倒转 3 ~ 4 次匀浆器使溶液混匀。

⑥ 将细胞匀浆转至新的 15 mL 离心管中，用少量 1× MS 清洗匀浆器并将清洗液同样加入 15 mL 离心管中，用 1× MS 缓冲液将体积定容至 7 mL。

⑦ 细胞匀浆在 4 ℃，700 g 离心 10 min 以除去未破碎的细胞和大的膜碎片。将离心后的上清转移到一个新 15 mL 离心管中。

⑧ 将步骤⑦上清继续在 4 ℃，1300 g 离心 5 min，沉淀细胞核及少部分细胞膜碎片。

⑨ 离心后的上清继续转移到一个新的 15 mL 离心管中。沉淀则收集转移至 1.5 mL EP 管，于 4 ℃，1300 g 离心 5 min，离心后弃上清，沉淀标记为细胞核 1 并保留。

⑩ 15 mL 离心管中的上清继续在 4 ℃，1300 g 离心 5 min 以沉淀细胞核及少部分细胞膜碎片，上清转移到一个新 15 mL 离心管中，将沉淀转移至 1.5 mL EP 管，于 4 ℃、1300 g 离心 5 min，离心后弃上清，沉淀标记为细胞核 2 并保留。

⑪ 将细胞核 1 和细胞核 2 根据细胞核沉淀物的体积加入适量细胞裂解液，用 BCA 法测定蛋白浓度，用于后续实验。

⑫ 将步骤⑩转移的上清继续在 4 ℃，17000 g 离心 15 min，沉淀线粒体。

⑬ 转移上清到一个新的 50 mL 离心管,线粒体沉淀则用 500 μL 1 × MS 缓冲液重悬,并转移到 1.5 mL EP 管,在 4 ℃,17000 g 离心 15 min,可得到高纯度的线粒体沉淀。

⑭ 将⑬中所得到的上清于 4 ℃,100000 g 离心 90 min。

⑮ 转移⑭步骤所得的适量体积上清于 1.5 mL EP 管中,标记为胞浆成分。沉淀物为内质网,根据内质网沉淀物的体积加入适量细胞裂解液,测定蛋白浓度,用于后续实验。

⑯ 加入适量蛋白 Loading Buffer,98 ℃加热 5 min 制样,用于免疫印迹检测细胞组分分离情况。

【结果分析】

如图 19 - 1 所示,在 H358、H1975 细胞中提取线粒体、细胞核、细胞质蛋白,通过 Western blot 鉴定亚细胞各组分纯度。其中,COX IV 是线粒体的标志蛋白之一,COX IV 只有在总蛋白以及线粒体样品中存在,证明线粒体提取效果较好;β - Tubulin 是细胞质的标志蛋白之一,在免疫印迹中,β - Tubulin 只有在总蛋白以及细胞质样品中存在,证明细胞质提取效果较好;Lamin B1 是细胞核的标志蛋白之一,Lamin B1 只有在总蛋白以及细胞核样品中存在,证明细胞核提取效果较好。

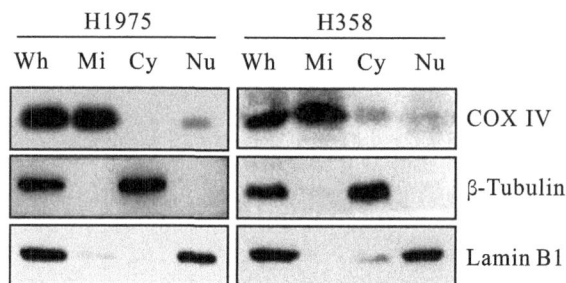

Wh—全细裂解液;Mi—线粒体;Cy—细胞质;Nu—细胞核。

图 19 - 1　Western blot 鉴定亚细胞各组分纯度

【注意事项】

① 全程低温操作。

② 常用的细胞裂解液成分及作用如下:

a. 含有高浓度盐(如 NaCl):用以破坏细胞膜,释放出细胞核。

b. 葡萄糖:能够保持细胞内环境的稳定性,防止细胞核损伤。

c. EDTA:可以使钙离子与负电荷结合,进而破坏细胞膜并释放细胞核。

d. Triton X - 100 或 NP - 40 等物质:这些非离子型表面活性剂能够破坏细胞膜并释放细胞核。

以上物质可以按需配制成细胞裂解液。

③ 不同细胞、不同匀浆器破碎细胞所需要匀浆次数各不相同,需要优化。可先匀浆 5 ~ 6 次,取样,台盼蓝染色后显微镜观察细胞裂解情况。显微镜下观察蓝色裂解细胞占总数 50% 左右即可,如果未达到 50%,增加 5 次匀浆,再重复取样进行台盼蓝染色鉴定。当超过

50% 时即可停止匀浆进行下一步操作。切勿过度匀浆,过度匀浆会导致线粒体等其他膜器机械损伤严重。

④ 细胞匀浆液首次离心时下层的沉淀比较松散,转移上清时需要小心,注意不要扰动沉淀,使其进入上清。

⑤ 细胞核分离提取过程需要使用无菌技术操作。分离后可用显微镜检查细胞核的纯度,如发现细胞核杂质过多,则需重复离心步骤。可用缓冲盐水等实验室常用的缓冲液清洗细胞核,去除残留的细胞裂解液和杂质。常用的缓冲盐水的配方包括:Tris – HCl（pH 7.4）、NaCl、EDTA 等,也可根据实验需求进行配制。

⑥ 每个细胞的线粒体数量因细胞系的不同而有很大差异,但建议每次线粒体提取时,细胞数目不小于 5×10^7 个。

⑦ 在不破坏细胞器的情况下破碎细胞是制备线粒体的最关键环节。与组织块相比,培养细胞特别是贴壁培养细胞在用玻璃匀浆器匀浆时较难破壁,因而要选用小容量玻璃匀浆器、间隙研磨的研杵上下研磨培养细胞。在相差显微镜下检查未裂解细胞应在 50% 左右即可。过度研磨将破坏线粒体,研磨不足将降低得率。

⑧ 差速离心是提取线粒体的关键。在提取线粒体时,去除细胞碎片及杂质的离心力为 500 ~ 1000 g,离心时间为 10 ~ 15 min;沉淀线粒体的离心力为 12000 ~ 20000 g,离心时间为 20 ~ 30 min。

【参考文献】

[1] CLAYTON D A, SHADEL G S. Isolation of mitochondria from tissue culture cells[J]. Cold Spring Harb Protoc. 2014,2014(10):pdb. prot080002.

实验二十　细胞周期分析

【引言】

细胞周期是细胞从一次分裂完成开始到下一次分裂结束所经历的全过程,分为间期与分裂期两个阶段。细胞周期分为 G_1 期、S 期、G_2 期和 M 期 4 个连续的时期。处于静止期的细胞称为 G_0 期细胞。处于不同细胞周期的细胞具有不同的 DNA 含量。G_0 和 G_1 期细胞内 DNA 为 2N,即两倍的单倍体 DNA 含量;进入 S 期后,DNA 开始合成,此期细胞 DNA 含量增加,介于 2N ~ 4N;到了 G_2 期,DNA 复制完成,DNA 含量增加 1 倍变为 4N。M 期即细胞分裂期,DNA 情况与 G_2 期相同,都是 4N。

流式细胞术是一种检测单个细胞生命周期的方法。它的原理基于细胞在不同阶段具有不同的 DNA 含量。这种方法通过将细胞用荧光染料[如碘化丙啶(PI)]染色,然后注射到流式细胞仪中,通过激光束照射细胞,检测细胞所含荧光的强度和数量。PI 是一种双链 DNA 的荧光染料,PI 和双链 DNA 结合后可以产生荧光,并且荧光强度和双链 DNA 的含量成正比。细胞内的 DNA 被 PI 染色后,可以用流式细胞仪对细胞进行 DNA 含量测定,然后根据 DNA 含量的分布情况,可以进行细胞周期分析,确定细胞在细胞周期中所处阶段的比例。通过对许多单个细胞进行类似的检测,可以得出整个细胞群体在不同细胞周期阶段的比例。此外,由于不同的 CDK 在细胞周期的不同时期被激活,这使得 CDK 家族成员的活性可作为诊断细胞所处细胞周期状态的明确标记。

流式细胞术已广泛应用于细胞生物学、免疫学、肿瘤学、遗传学、病理学和临床检验等许多领域,并且已经扩展到干细胞研究、细胞信号通路研究、精子分型、疫苗研发、辐射研究、微生物学和植物学等研究领域。

【目的与要求】

① 了解流式细胞术分析细胞周期的原理。
② 掌握利用流式细胞术分析细胞周期的方法。

【实验设备与材料】

① 实验仪器:流式细胞仪。
② 实验材料:A549 细胞,移液枪,离心管,冰袋。

③ 实验试剂:柠檬酸钠(380 mM),PI(母液 5 mg mL^{-1}),Triton X - 100,RNase A(母液 10 mg mL^{-1}),去离子水。

【实验方法】

① 用 15 mL 离心管收集细胞,离心后弃上清,用预冷的 PBS 洗涤 1 次。

② 配制 PI 染液:配制 PI 染料,含 3.8 mM 柠檬酸钠,50 μg mL^{-1} 的 PI,100 μg mL^{-1} 的 RNase A,0.1% 的 Triton X - 100,4 ℃ 避光。

③ 细胞染色:700 rpm 离心 5 min,弃上清,按照每 10^6 个细胞加入 500 μL PI 染液,冰上避光孵育 30 min。

④ 流式细胞仪测定:由于 PI 具有很强的粘附性,容易使细胞聚团,建议过滤后再上机分析,一般低速收集 1~2 万个细胞即可。

【结果分析】

图 20 - 1A 中建立一个前向散射(FSC)侧向散射(SSC)点图,FSC 与 SSC 分别代表细胞的前向和侧向参数,反映的是细胞大小,目的是圈出完整细胞群,排除细胞碎片,E3 圈中为完整细胞群;图 20 - 1B 是选择单细胞群,排除细胞粘连,E1 圈出单细胞群;图 20 - 1C 为细胞周期图,通过检测细胞内 DNA 含量,根据各个时期细胞 DNA 含量具有不同荧光强度,分析各个时期的细胞比例。纵坐标 Count 为计数的有效细胞数,横坐标 PE - A 为荧光强度;流式检测结果图的第一个峰是 G$_0$/G$_1$ 期,此时没有 DNA 复制,DNA 含量最少,为 2N;S 期是 DNA 开始复制的时期,是一个 DNA 倍增的过程,通常在流式结果图中峰值不高但跨度较大;流式结果图中的第三个峰是 G$_2$/M 期,此时期的细胞 DNA 复制已经完成,细胞内 DNA 含量为 4N。

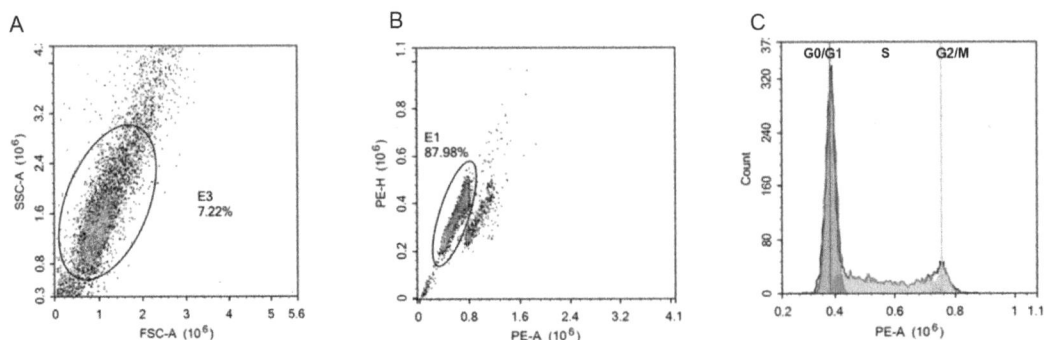

图 20 - 1 流式细胞仪检测细胞周期

【注意事项】

① 建议送检细胞一定要足够量,一般要求 1 × 10^6 个细胞。

② 向细胞中加入 PI 染液吹打时,动作要轻柔,将其制备成单细胞悬液,尽量避免吹打对

细胞造成机械损伤导致细胞死亡。

　　③ PI 既能与 DNA 结合,又能与 RNA 结合,所以要用 RNase 消化 RNA;PI 为致癌物质,避免用手直接接触。

【参考文献】

［1］CUNNINGHAM R E. Overview of flow cytometry and fluorescent probes for flow cytometry［J］. Methods Mol Biol. 2010,588:319 – 326.

［2］NUNEZ R. DNA Measurement and Cell Cycle Analysis by Flow Cytometry［J］. Curr. Issues Mol. Biol. 2001,3(3):67 – 70.

第三部分

分子生物学常用技术

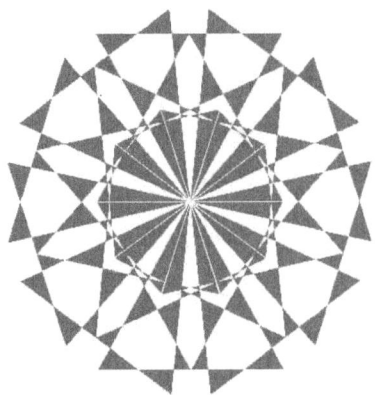

实验二十一　常规 PCR

【引言】

聚合酶链式反应(PCR)是一种在体外模拟体内 DNA 复制的核酸扩增技术,以 DNA 双链为模板,以 DNA 半保留复制机制为基础,利用人工合成的寡核苷酸引物和耐热的 DNA 聚合酶,经过变性退火延伸多次循环,快速扩增出大量目的 DNA 片段的一种分子技术,在分子生物学中有广泛的应用,包括用于 DNA 作图、DNA 测序、分子系统遗传学等。

PCR 技术的基本原理类似于 DNA 的天然复制过程,利用特异性与靶序列两端互补的寡核苷酸引物延伸出与模板链互补的新链(图 21 - 1)。PCR 由变性、退火和延伸三个基本反应步骤构成。

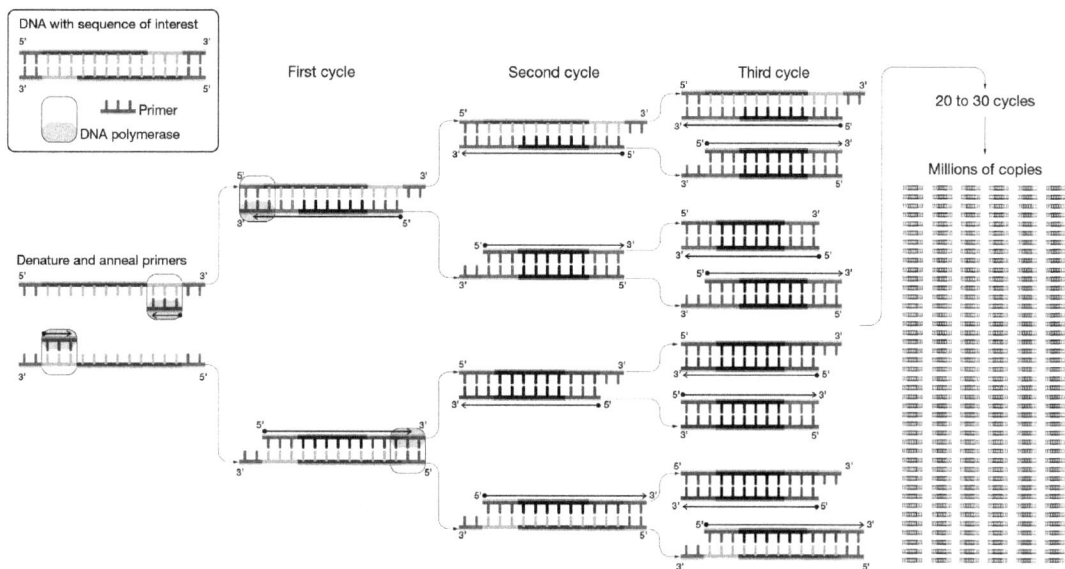

图 21 - 1　PCR 反应的原理示意图

① 模板 DNA 的变性:模板 DNA 经加热至93 ℃左右一定时间后,使模板 DNA 双链或经 PCR 扩增形成的双链 DNA 解离,使之成为单链,以便它与引物结合,为下轮扩增做准备。

② 模板 DNA 与引物的退火(复性):模板 DNA 经加热变性成单链后,温度降至 55 ℃左

右,引物与模板 DNA 单链的互补序列配对结合。

③ 引物的延伸:DNA 模板与引物结合物在 Taq DNA 聚合酶的作用下,以 dNTP 为反应原料,目的 DNA 为模板,按碱基互补配对与半保留复制原理,合成一条新的与模板 DNA 链互补的半保留复制链,新链又可以成为下次扩增的模板,实现目的 DNA 片段快速、大量扩增。

常规 PCR 具有非常广泛的用途,通过常规 PCR 目的基因数量得以扩大,可以进一步用于基因的克隆,也可以用来对目的基因的定性。比如通过菌落 PCR 可用于分子克隆过程中阳性克隆的鉴定,在基因鉴定中通过 PCR 可以检测小鼠基因组中外源基因携带与否。此外,常规 PCR 还可以应用于目标基因的半定量,比如通过对特定模板有限次数的 PCR 扩增,通过凝胶电泳检测 PCR 产物的多少可以在一定程度上反映模板数量的多少。

【目的与要求】

① 掌握 PCR 技术扩增目的 DNA 片段的基本原理和实验操作方法。

② 掌握常规 PCR 和巢式 PCR 区别与联系。

③ 了解 PCR 技术在生物科研的广泛应用,体会科学技术发展对科学研究的重要意义。

【实验设备与材料】

① 实验仪器:PCR 仪,迷你离心机、微波炉、电泳仪、水平电泳槽、制胶板、紫外透射仪。

② 实验材料:冰盒,微量移液器,200 μL PCR 管,PCR 管架。

③ 实验试剂:模板 DNA,特异性引物,PrimeSTAR Max Premix(2×),ddH$_2$O,TAE,琼脂糖,EB。

【实验方法】

1. 常规 PCR 扩增目的 DNA

① 引物设计:可采用 Primer5 等引物设计软件,依据所需要扩增的目的片段设计一对引物用于 PCR。

② PCR 实验前准备:

a. 将公司合成的特异性引物用 ddH$_2$O 稀释至 10 μM。

b. 取出 PrimeSTAR Max Premix(2×)放置于冰盒上。

c. 在干净工作台中摆放好模板 DNA、ddH$_2$O 等试剂,灭过菌的移液器枪头、200 μL PCR 管、废液缸等耗材。

③ 取 200 μL PCR 管置于 PCR 管架,按照表 21 - 1 依次加入 Prime STAR Max Premix、上游引物、下游引物、模板 DNA、ddH$_2$O,均匀混合反应液。

表 21 - 1　PCR 反应体系

溶液	体积
Prime STAR Max Premix(2 ×)	12.5 μL
上游引物 Forward(10 μM)	1 μL
下游引物 Reverse(10 μM)	1 μL
模板 DNA	< 50 ng
ddH$_2$O	补充至 25 μL

④ 用 PCR 管离心机短暂离心,将 PCR 管放入 PCR 仪,PCR 循环数为 35 Cycle,设置程序如表 21 - 2。

表 21 - 2　PCR 反应程序

步骤	温度	时间	循环
变性	98 ℃	10 s	
退火	55 ℃	15 s	35
延伸	72 ℃	30 ~ 60 s	
延伸	72 ℃	30 s	1
保存	4 ℃	∞	1

设置好后,启动 PCR 仪,开始扩增。

⑤ PCR 扩增完成后,将样品取出并保存于 4 ℃冰箱。

2. 巢式 PCR 扩增模板 DNA

① 引物设计:可采用 Primer5 等引物设计软件,依据所需要扩增的目的片段设计两对引物用于 PCR,包括一对外巢引物和一对内巢引物(图 21 - 2)。

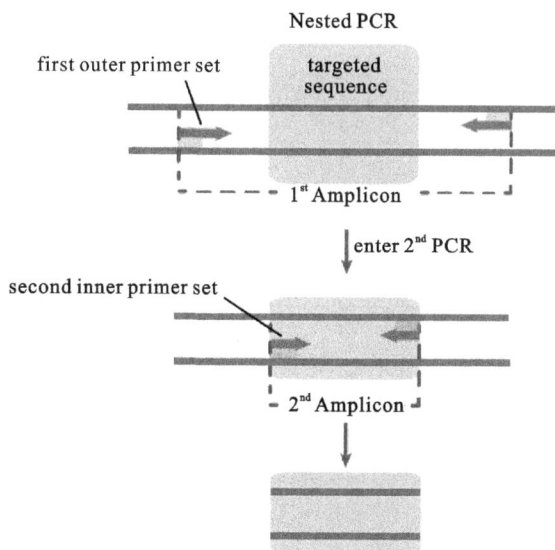

图 21 - 2　巢式 PCR 原理图示

② 实验前准备。

a. 将公司合成的外巢引物用 ddH₂O 稀释至 10 μM。

b. 取出 PrimeSTAR Max Premix(2×)放置于冰盒上。

c. 在干净工作台中摆放好模板 DNA、ddH₂O 等试剂和灭过菌的移液器抢头、200 μL PCR 管、废液缸等耗材。

③ 取 200 μL PCR 管置于 PCR 管架,按表 21－3 依次加入 Prime STAR Max Premix、上游外引物、下游外引物、模板 DNA、ddH₂O,均匀混合反应液。

表 21－3　PCR 反应体系

溶液	体积
Prime STAR Max Premix(2×)	12.5 μL
上游外引物 Forward(10 μM)	1 μL
下游外引物 Reverse(10 μM)	1 μL
模板 DNA	< 50 ng
ddH₂O	补充至 25 μL

④ 用 PCR 管离心机短暂离心,将 PCR 管放入 PCR 仪,PCR 循环数为 30 Cycle,设置程序如表 21－4。

表 21－4　PCR 反应程序

步骤	温度	时间	循环
变性	98 ℃	10 s	
退火	55 ℃	15 s	30
延伸	72 ℃	30～60 s	
延伸	72 ℃	30s	1
保存	4 ℃	∞	1

⑤ 设置好后,启动 PCR 仪,开始第一轮 PCR 扩增。

⑥ 第一轮扩增结束后,取一小部分起始扩增产物稀释 100～1000 倍,作为第二轮扩增体系中的模板,利用第二对引物(即内巢引物)进行 30 Cycle 扩增。PCR 体系和程序如上。

⑦ PCR 扩增完成后,将样品取出并保存于 4 ℃冰箱。

3. DNA 琼脂糖凝胶电泳(1%)

① 称取 1 g 琼脂糖粉末,放到一锥形瓶中,加入 100 mL 1×TAE 电泳缓冲液。然后置微波炉加热至完全溶化,溶液透明。摇匀,待冷却至 60 ℃左右,在胶液内加入适量的 EB。

② 取制胶板槽,插好梳子,在槽内缓慢倒入胶液,使之形成均匀水平胶面。

③ 待胶凝固后,小心拔起梳子,使加样孔端置阴极段放进电泳槽内。

④ 在槽内加入 1×TAE 电泳缓冲液,至液面覆盖过胶面。取 1 μL 6×DNA Buffer 和 5

μL 待测 DNA 样品混合后,用移液枪滴加至凝胶的加样孔中。

⑤ 点样端放阴极端,接通电源,调节稳压输出电压 120 V,开始电泳。

⑥ 观察 Marker 条带的移动。当其移动至合适位置,停止电泳。

⑦ 把凝胶放在紫外透视仪上,关上样品室灯,打开紫外灯,观察拍照。

【结果分析】

在理想的情况下,PCR 结果应该仅有一条特异性条带,与预期大小一致。但是很多情况下,尤其是以 cDNA 或者基因组 DNA 为模板进行 PCR 扩增时,由于模板过于复杂,或者引物特异性不理想等原因,PCR 产物常常不是一个条带,有时甚至呈现弥散的带或者完全没有条带(图 21-3)。这种情况下,需要通过调整 PCR 的退火温度等条件优化 PCR 程序,有的情况下可能需要重新合成新的引物或者通过巢式 PCR 来提高特异性。

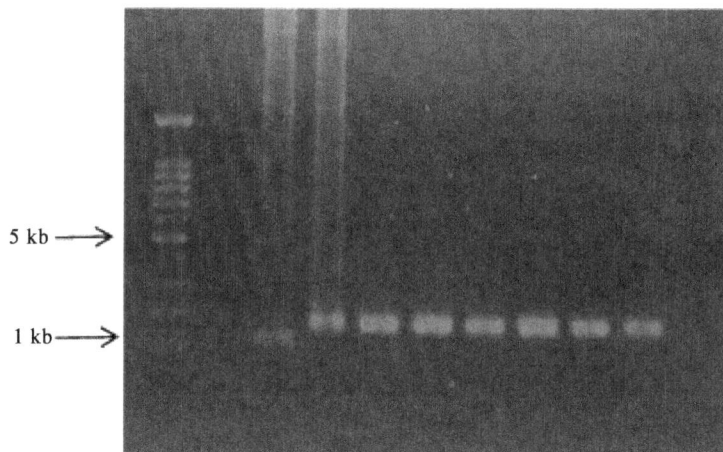

图 21-3 DNA 琼脂糖凝胶电泳结果

【注意事项】

① DNA 聚合酶等试剂在配制前请于冰上放置,保证酶的活性。

② 巢式 PCR 实验需要注意两轮扩增引物的比例:如果第一次引物过量的话,剩余引物第二次 PCR 扩增的时候也会有一定的产量,这对于第二次 PCR 反应是非特异性的产物。在第一次 PCR 时,应尽量摸索引物最低的加入量,同时适当增加循环次数,尽量消耗体系中的残余引物。

③ 在分子克隆过程中应当使用 PrimeStar 等高保真酶以降低目的基因在 PCR 扩增过程中的突变概率,在定性研究中,比如菌落 PCR 或者小鼠基因型鉴定等,可以使用低保真的 Taq 酶。

④ 巢式 PCR 通常用于难扩增的模板,比如从基因组 DNA 或者 cDNA 文库中扩增目的片段,通过巢式 PCR 可以提高目的片段扩增的特异性。此外,对于难扩增的模板,在 PCR 程序上也可以进行优化,通常可以采用 Touchdown 程序来扩增,可以取得较好的效果。

【参考文献】

[1] SCHOCHETMAN G, OU C Y, JONES W K. Polymerase chain reaction[J]. The Journal of infectious diseases. 1988, 158(6):1154 – 1157.

[2] KUBISTA M, ANDRADE J M, BENGTSSON M, et al. The real – time polymerase chain reaction [J]. Molecular aspects of medicine. 2006, 27(2 – 3):95 – 125.

[3] ERLICH H A, GELFAND D, SNINSKY J J. Recent advances in the polymerase chain reaction [J]. Science. 1991, 252(5013):1643 – 1651.

[4] JOSHI M, DESHPANDE J D. Polymerase chain reaction: methods, principles and application [J]. International Journal of Biomedical Research. 2010, 2(1):81 – 97.

实验二十二 实时定量 PCR

【引言】

常规 PCR 技术虽然可以在一定程度上对模板 DNA 进行定量,但是由于其对目标序列的检测和定量是在反应结束,定量并不精确,而且不能确定模板的绝对数量,因此又发展出了实时定量 PCR(Real-time PCR)。

在实时荧光定量 PCR 中,每次循环结束后通过荧光染料检测 DNA 的量,荧光染料产生的荧光信号与生成的 PCR 产物分子(扩增片段)数之间成正比。利用反应指数期采集的数据,生成有关扩增靶点起始量的定量信息。实时荧光定量 PCR 使用的荧光报告基团包括双链 DNA(dsDNA)结合染料或在扩增过程中掺入 PCR 产物的、与 PCR 引物或探针结合的染料分子。利用具有热循环功能及荧光染料筛查能力的仪器,检测反应过程中荧光的变化。实时荧光定量 PCR 仪通过绘制荧光与循环数曲线,生成扩增曲线,表示在整个 PCR 反应过程中积聚的产物。

1996 年美国 Applied Biosystems 公司率先推出了实时荧光定量 PCR 技术,与传统 PCR 技术相比,该技术不仅实现了 PCR 从定性到定量的飞跃,它更具有特异性更强、有效解决 PCR 污染问题、自动化程度高等特点,因而很快得到广泛应用。

在实际应用中,荧光定量 PCR 通常用来检测细胞中靶基因的表达水平,因此通常需要从细胞提取总 RNA,反转录获得 cDNA 后,作为模板。在本实验中也将包含这部分的实验流程。

【目的与要求】

① 掌握实时荧光定量 PCR 的基本原理和实验操作。
② 掌握实时荧光定量 PCR 数据分析方法。

【实验设备与材料】

① 实验仪器:超净工作台,PCR 仪,荧光定量 PCR 仪,高速离心机,NanoDrop 分光光

度计。

② 实验材料:移液器,1.5 mL EP 管,RNase – free EP 管,冰盒,8 连 PCR 管。

③ 实验试剂:TRIGene 总 RNA 提取试剂盒,异丙醇,无水乙醇,5 × Evo M – MLV RT Master Mix,QPCR 引物,SYBR Green Premi × Pro Taq HS qPCR Kit,ddH₂O,DEPC – ddH₂O。

【实验方法】

1. TRIGene 总 RNA 提取试剂提取(以 6 cm 贴壁 SKOV – 3 细胞为例)

① 提取总 RNA 实验前准备:

a. 预冷 4 ℃ 高速离心机。

b. 超净工作台用紫外线照射 30 min,75% 酒精擦拭后,放入灭过菌的 RNase – free 枪头、废液缸等。

② 取细胞培养皿,吸尽培养基,加入 1 mL TRIGene,用移液器吹打几次,确保细胞完全裂解,移至 1.5 mL RNase – free EP 管中。

③ 裂解产物于室温放置 5 min,使核酸蛋白质复合物完全分离。

④ 每 1 mL TRIGene 加入 0.2 mL 氯仿,盖紧管盖,剧烈振荡 15 s,室温放置 2 ~ 3 min。

⑤ 4 ℃ 12000 g 离心 15 min, 样品会分成三层:橘黄色的下层有机相、中间层和无色的上层水相。

⑥ 吸取上层水相至新 RNase – free EP 管中,加等量异丙醇,颠倒数次混匀,室温放置 10 min。

⑦ 4 ℃ 12000 g 离心 10 min,弃上清,可见胶状 RNA 沉淀。

⑧ 加入 1 mL 75% 乙醇,颠倒数次混匀,洗涤沉淀。

⑨ 4 ℃ 12000 g 离心 5 min,弃上清。

⑩ 室温倒置 5 ~ 10 min 晾干,加入适量 DEPC ddH₂O,吹打溶解 RNA。

⑪ 利用 NanoDrop 分光光度计对提取的 RNA 进行浓度测定,RNA 电泳确定 RNA 浓度、纯度、完整度。

2. 反转录

① 反转录实验前准备:

取出 5 × Evo M – MLV RT Master Mix 放置于冰盒上。

② 按照表 22 – 1 反应体系在 PCR 管中混合,短暂离心,放入 PCR 仪。

表 22 – 1 反转录反应体系

溶液	体积
5 × *Evo M – MLV* RT Master Mix	4 μL
总 RNA	1 μg
ddH₂O	补充至 10 μL

设置反转录程序如表 22 - 2。

表 22 - 2 反转录反应程序

温度	时间
37 ℃	15 min
85 ℃	5 s
4 ℃	∞

③ 得到反转录产物 cDNA。

3. 实时荧光定量 PCR

① 设计实时荧光定量 PCR 引物：荧光定量 PCR 对于引物的要求比常规 PCR 更高，特异性和扩增效率不够高的引物会影响实验的成功。通常可以采用 Primer design tool（https://www.ncbi.nlm.nih.gov/tools/primer - blast/index.cgi? LINK_LOC = BlastHome）来设计引物，在引物设计的同时分析比对所设计引物和基因组或者转录组中其他基因的错配情况，从而确保所设计的引物不产生非特异性扩增。

② 实时荧光定量 PCR 实验前准备：

取出 2 × SYBR Green qPCR Master Mix 放置于冰盒上。将反转录获得的 cDNA 稀释到 4 ng μL^{-1}。

③ 使用 SYBR Green Premi × Pro Taq HS qPCR Kit，其中 GAPDH 作为内参。根据表 22 - 3 配制反应体系。

表 22 - 3 荧光定量 PCR 反应体系

溶液	体积
2 × SYBR Green qPCR Master Mix	5 μL
上游引物 Forward(10 μM)	0.25 μL
下游引物 Reverse(10 μM)	0.25 μL
cDNA 模板	4.5 μL

实时荧光定量循环数为 40 Cycle，反应程序如表 22 - 4。

表 22 - 4 荧光定量 PCR 反应程序

步骤	温度	时间	循环
变性	95 ℃	30 min	1
变性	95 ℃	5 s	40
延伸	60 ℃	30 s	
保存	4 ℃	∞	1

扩增后利用软件分析 Ct 值,对样品进行定量。

如果需要绝对定量,可以设置标准样品,绘制标准曲线后,对来确定样品中模板的绝对量。

【结果分析】

荧光定量 PCR 结果在不同重复孔之间差异性过大的话说明实验操作过程中误差太大,应该重新实验。如果有些基因起峰过晚,比如在 35 个循环以后才起峰,该结果可靠性不强,应该加大模板量重新检测(图 22 - 1)。对于新引物,应当在反应结束后查看溶解曲线,判断该引物的特异性。

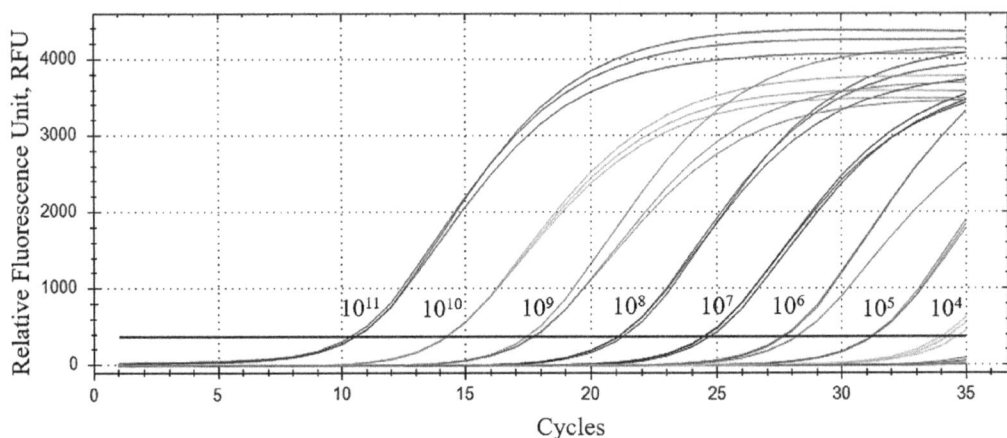

图 22 - 1 实时荧光定量 PCR 结果图

【注意事项】

① RNA 极其不稳定,而 RNA 酶无处不在,且非常稳定。因此在 RNA 提取过程中防止被 RNA 酶的降解是最为重要的环节。使用的管子、枪头、试剂都要是 RNA 酶 free 的,在操作过程中一定要自始至终戴手套、口罩,甚至包括头套。

② PCR 极其敏感,在荧光定量 PCR 中,最好根据所需 PCR 样本数,将 2 × SYBR Green qPCR Master Mix 和引物配成 stock 后再分到 PCR 管中;同时将模板稀释后加入 PCR 体系中,直接加未稀释的模板体积很小,容易造成较大的误差。

③ SYBR MasterMix 不要反复冻融。

④ 所有成分加完后,离心去除气泡。

⑤ 每个样品至少 3 ~ 4 个平行孔,方便进行统计学分析。

【参考文献】

[1] MA H, SHIEH K J, CHEN G, et al. Application of real – time polymerase chain reaction (RT – PCR) [J]. The Journal of American Science. 2006, 2(3):1 – 5.

[2] WILHELM J, PINGOUD A. Real ‐ time polymerase chain reaction [J]. Chembiochem. 2003, 4(11): 1120 – 1128.

[3] KUBISTA M, ANDRADE J M, BENGTSSON M, et al. The real – time polymerase chain reaction [J]. Molecular aspects of medicine. 2006, 27(2 – 3):95 – 125.

[4] 王甜,陈庆富. 荧光定量 PCR 技术研究进展及其在植物遗传育种中的应用 [J]. 种子,2007,2(2): 56.

实验二十三　质粒构建与鉴定

【引言】

质粒构建是分子生物学研究中最常用的实验技术,旨在将特定基因或 DNA 序列插入到适当的质粒载体中,以便进行基因克隆、表达和传递。质粒构建,首先需要根据实验目的选择合适的质粒载体,载体应具有适当的启动子、终止子、选择标记和克隆位点。目的基因和载体 DNA 的连接方法主要有限制酶切割、同源重组和 Gibson 组装等。限制酶切割是使用限制酶在质粒和目标 DNA 上切割,产生互补末端,然后通过连接酶将它们连接起来;同源重组是利用序列同源性促进 DNA 片段的重组。Gibson 组装则是一种多片段组装技术,可以同时组装多个 DNA 片段。

质粒构建完成后,需要对构建的质粒进行鉴定,以验证质粒中是否正确插入了目标基因或 DNA 序列,并确保它们在宿主细胞中正确表达。鉴定方法主要有酶切图谱分析、PCR 扩增、DNA 测序等。酶切图谱分析:使用限制酶切割质粒 DNA,通过凝胶电泳分析 DNA 片段的大小,以验证插入序列的存在。PCR 扩增:设计特异性引物,通过 PCR 扩增目标序列,然后通过凝胶电泳或测序进行验证。DNA 测序:直接对质粒 DNA 进行测序,以确定插入序列的准确性和完整性。

经过鉴定,确认质粒构建成功,再将构建好的质粒转化到宿主细胞(如大肠杆菌)中,通过使用抗生素或其他选择标记筛选,实现质粒在宿主细胞中复制、扩增或表达。

质粒构建是基因工程的基础,它们对于基因功能研究、药物开发、疫苗生产等领域都具有重要意义。通过合理设计和操作,研究者能够实现对基因的精确操控,为科学研究提供了强大的工具。

【目的与要求】

① 了解并掌握质粒构建的技术方法与步骤。

② 了解并掌握质粒提取的技术方法。

【实验设备与材料】

① 实验仪器:生物安全柜, PCR 仪,核酸电泳仪,普通迷你离心机,冷冻迷你离心机,水浴锅,制冰机, −80 ℃冰箱,恒温摇床,NanoDrop 分光光度计,恒温培养箱。

② 实验材料:细菌培养皿,1.5 mL 离心管,2 mL 离心管,15 mL 离心管,50 mL 离心管, pCDH – CMV – MCS – EF1 – puro 质粒。

③ 实验试剂:75% 酒精,限制性内切酶,T4 DNA 连接酶,质粒小提试剂盒,酶切产物回收试剂盒,化学感受态细胞(Competent E. coli),LB 培养基(固、液),2 × HBS,2.5 M CaCl$_2$。

【实验方法】

1. 目的基因 GFP 的获得

① 根据引物设计原则,设计带有酶切位点及相应保护碱基的 EGFP PCR 引物,如表23 – 1。

表 23 – 1　GFP 扩增引物列表

引物名称	引物序列(5′→3′)
EGFP – Forward	CGTTCGAAATGGTGAGCAAGGGCGAGGAGC
EGFP – Reverse	CGGCGGCCGCTTATCTAGATCCGGTGGATCCAAGC

② 以含有 EGFP 基因的质粒为模板进行 PCR 实验扩增带有 BstBI 和 NotI 酶切位点的 EGFP 序列,按照表23 – 2所示反应体系在 PCR 管中进行混合。

表 23 – 2　PCR 反应体系配方

溶液	体积
Prime STAR Max Premix(2 ×)	25 μL
上游引物 EGFP – Forward(10 μM)	2 μL
下游引物 EGFP – Reverse(10 μM)	2 μL
含 EGFP 基因的质粒	2 μL
ddH$_2$O	补充至 50 μL

PCR 循环数为 35 Cycle,程序设置如表23 – 3。

表 23 – 3　PCR 反应程序

步骤	温度	时间	循环
变性	98 ℃	10 s	
退火	55 ℃	15 s	35
延伸	72 ℃	45 s	
保存	4 ℃	∞	1

③ 配制1% 的琼脂糖凝胶,待 PCR 反应结束后,将所有 PCR 产物与适量 6 × Loading Dye 混合后,点样至琼脂糖凝胶孔中,并点上 100 bp 的 DNA Marker,设置电源参数为 140 V,直到溴酚蓝带电泳到琼脂糖凝胶的下半段处即可。

④ 在紫外核酸凝胶成像仪上观察凝胶,参考 DNA Marker,显示 EGFP 的大小约为 800 bp。用 DNA 凝胶回收试剂盒回收 PCR 产物;并用 NanoDrop 分光光度计对 PCR 产物进行浓

度测定。

2. 携带 GFP 基因的质粒载体的构建

① 通过 PCR 在 GFP 基因的两端引入了 BstBI 和 NotI 酶切位点,通过该酶切位点将 GFP 基因克隆到 pCDH - CMV - MCS - EF1 - Puro 载体中,载体图谱如图 23 - 1 所示。

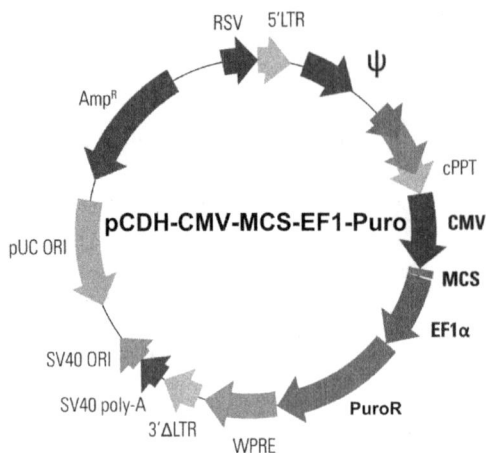

图 23 - 1   pCDH - CMV - MCS - EF1 - Puro 质粒结构图示

② 酶切:通过 BstBI 和 NotI 酶切 GFP 基因片段和 pCDH - CMV - MCS - EF1 - Puro 载体,酶切反应体系如表 23 - 4、23 - 5。

表 23 - 4   插入片段 GFP 酶切反应体系

GFP 基因片段	10 μL (300 ng)
BstBI	0.5 μL
NotI	0.5 μL
10 × Buffer	2 μL
ddH$_2$O	补充至 20 μL

表 23 - 5   载体酶切反应体系

载体	1 μL(200 ng)
BstBI	0.5 μL
NotI	0.5 μL
10 × Buffer	2 μL
ddH$_2$O	补充至 20 μL

37 ℃酶切 15 min,然后通过琼脂糖凝胶电泳回收目的片段。

③ 连接:将回收后的载体和片段按照摩尔分子比 1:3 的比例进行连接,连接反应体系如表 23 - 6。

表 23 - 6　连接反应体系

载体	0.5 μL
片段	4 μL
T$_4$ Ligase	1 μL
2 × Buffer	10 μL
ddH$_2$O	补充至 20 μL

将配置好的连接体系放置在25 ℃或者室温孵育1 h。

④ 转化。

a. 从 -80 ℃冰箱取出化学感受态细胞,放置在冰上5 min,待感受态细胞融化后,将连接产物用微量移液器加入感受态细胞,轻微吹打2~3次后,放回冰上孵育25 min;

b. 将感受态细胞放置到42 ℃水浴锅热击45 s,之后迅速将感受态细胞放回冰上冰浴1 min,冰浴结束后在感受态细胞中加入1 ml无抗生素的LB培养基,放置于37 ℃水浴锅孵育1 h。孵育结束后离心弃上清,管底剩余约150~200 μl培养基,用微量移液器将感受态细胞重悬,用玻璃珠或涂布器涂布于LB固体培养基上(图23 - 2),放置于37 ℃培养箱培养过夜,第二天,可见平板上长出大肠杆菌克隆(图23 - 3)。

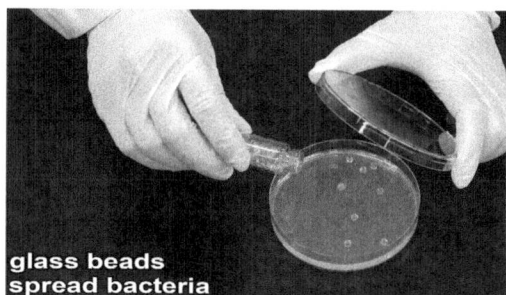

图 23 - 2　玻璃珠涂板

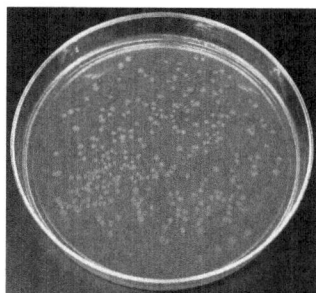

图 23 - 3　转化后长出的大肠杆菌克隆

3. 阳性克隆的鉴定（菌落 PCR 法）

① 从 -20 ℃冰箱取出 2 × Power Taq PCR Master Mix、CMV - Forward 以及 EGFP - Reverse 置于冰盒上,按照表23 - 7所示的反应体系加入0.2 mL离心管中进行混合,共6管。

表 23 – 7　菌落 PCR 鉴定反应体系

溶液	体积
2 × Master Mix	10 μL
CMV – Forward(10 μM)	1.6 μL
EGFP – Reverse(10 μM)	1.6 μL
ddH$_2$O	补充至 20 μL

② 准备 6 个试管,每管加入 4 mL 液体 LB 培养基;从转化的 LB 平板上用牙签挑取单克隆,将第一根牙签放入装有液体 LB 的试管中;用第二根牙签挑取同一菌落,放到装有 PCR 反应液的 PCR 管中;按照同样的方法依次挑取 6 个克隆。

③ 将 PCR 管放入 PCR 仪进行扩增,试管放入摇床摇菌。

④ PCR 结束后在 PCR 反应液中加入上样缓冲液,通过琼脂糖凝胶电泳检测是否有目的片段,如有目的片段则为阳性。

⑤ 当天下午当试管中的细菌在摇床培养 8 ~ 10 h 后,将 PCR 鉴定阳性的克隆收集菌液,提取质粒,并将阳性质粒送公司测序进一步证实序列的准确与否。

4. 阳性克隆的鉴定(酶切法)

① 摇菌:准备 6 个无菌试管,在每个试管中加入 4 mL 带有氨苄抗性的 LB 液体培养基,取出涂布有转化产物的 LB 固体平板,用牙签或者枪头挑取 6 个克隆分别接种到 6 个试管中。放入恒温摇床,37 ℃ 225 rpm 摇菌培养过夜。

② 实验开始前先将低温离心机提前预冷至 4 ℃。

③ 取 2 mL 过夜培养的菌液,8000 g 离心 10 min 收集菌体,弃掉上清(LB 培养基)。

④ 在收集的菌体沉淀中加入 100 μL Buffer P1,彻底悬浮菌体。

⑤ 加入 200 μL Buffer P2,立即温和颠倒混匀离心管 5 ~ 10 次,室温静置 5 min(切勿剧烈振荡)。

⑥ 加入 150 μL Buffer P3(将 P3 缓冲液放置于冰上预冷效果更佳),立即温和颠倒混匀离心管 4 ~ 5 次。

⑦ 将离心管于 12000 g 离心 10 min。

⑧ 在离心过程中准备 6 个新的离心管,在每管中加入 450 μL 酚/氯仿/异戊醇,待离心结束后,将上清转移到装有酚/氯仿/异戊醇的离心管,振荡混匀,12000 g 离心 6 ~ 10 min。

⑨ 离心过程中取 6 个新离心管,每管分别加入 800 μL 无水乙醇,待离心结束后将上层溶液(约 400 μL)转移到装有无水乙醇的离心管,颠倒混匀后于预冷的冷冻离心机中 12000 g 离心 10 min。

⑩ 离心结束弃上清,将管口敞开倒置于卫生纸上使所有液体流出,用 70% 酒精小心冲洗沉淀一次,将管底残余液体用微量移液器吸干,室温晾干(约 5 min)。

⑪ 在晾干过程中配置 DNA 溶解液,取 TE 缓冲液或者 dd H$_2$O 500 μL,加入 RNA 酶 stock 液 1 μL。待沉淀晾干后,用配置好的 DNA 溶解液溶解 DNA,每管 50 μL,于 37 ℃ 孵育 10 min,以降解 RNA。

⑫ 利用 NanoDrop 分光光度计对提取的质粒进行浓度测定,取 100 ~ 200 ng DNA 进行酶

切鉴定,酶切体系见表 23 − 8。

表 23 − 8　酶切鉴定反应体系

DNA	2 μL
BstBI	0.5
NotI	0.5
10 × Buffer	2 μL
ddH$_2$O	补充至 20 μL

⑬ 酶切 60 min 后,通过琼脂糖凝胶电泳分析酶切结果,选取阳性克隆。

⑭ 将其中一个阳性克隆送公司测序,进一步验证克隆到载体中的片段是否存在突变。测序正确的阳性克隆命名为 pCDH − CMV − GFP − EF1 − puro。

⑮ 将测序正确的阳性克隆保存于 − 20 ℃冰箱备用。

【结果分析】

对构建的质粒进行鉴定(图 23 − 4),通常先挑取多个菌斑,培养后进行 PCR,对 PCR 产物的大小进行分析,看是否符合预期;然后对选定的质粒的菌扩大培养,提取质粒,进行单酶切和双酶切,分析所得片段的大小是否符合预期。

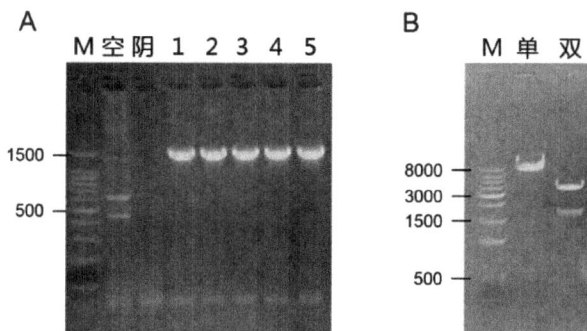

A. 挑斑进行 PCR 分析;B. 提纯的质粒进行单、双酶切鉴定。

图 23 − 4　质粒构建鉴定

【注意事项】

① 需要保持实验环境清洁,以避免外源 DNA 污染。

② 在质粒构建中选择合适的限制性内切酶进行酶切,需考虑酶切位点、酶切效率等因素。

③ 在转染、转化等实验中,质粒的浓度与纯度对实验结果具有重要影响,需采用适当的方法进行质粒提取与纯化。

④ 质粒存储时应分装以避免后期取用时反复冻融,以免降低质粒的稳定性和活性。

实验二十四 Western blot

【引言】

研究蛋白质的表达水平是细胞和分子生物学中常会遇到的问题,常用的检测蛋白质表达的方法有 Western blot 和酶联免疫吸附(Enzyme – linked immunosorbent assay,ELISA),其原理都是基于抗原抗体的特异性结合。Western blot 更多地应用于细胞内蛋白的表达分析,而 ELISA 更多地用于分泌性蛋白的表达水平分析。

Western blot 是对目的蛋白进行检测、分析以及定量的一种技术。使用 Western blot 可以从几个方面来表征蛋白质,包括蛋白存在与否、丰度、修饰状态(如磷酸化,泛素化等)或定位。除这些定性方面外,蛋白质印迹还可以用于基于试验样本和对照样本之间的谱带强度的蛋白质相对定量。蛋白质样品经 SDS – PAGE 分离后从凝胶转移到固相支持物(如 PVDF 膜)上,后用特异性抗体对某一特定的抗原进行着色。Western blot 采用抗体作为探针,抗体可以与附着在固相支持物的靶蛋白抗原表位发生抗原 – 抗体免疫反应。这种技术的作用是对细胞或组织提取的蛋白混合物(即总蛋白混合物)中的某一特异蛋白进行鉴别和半定量分析,旨在鉴别特异性蛋白的类型(如亚型、聚体、剪切体等)和蛋白表达量的变化。在本实验中主要介绍 Western blot 的实验流程。

【目的与要求】

掌握 Western blot 测定蛋白含量的方法与步骤。

【实验设备与材料】

① 实验仪器:电泳仪,摇床,4 ℃冰箱,化学发光仪,pH 计,磁力搅拌器。

② 实验材料:细胞,胶板,梳齿,抗体孵育盒,PVDF 膜,烧杯。

③ 实验试剂:电泳缓冲液,转膜缓冲液,TBST 缓冲液,抗体,发光液,脱脂奶粉,盐酸,Tris base,Glycine,SDS,200 mM PMSF,200 mM 原矾酸钠(Na_3VO_4),20% Triton X – 100,蛋白酶抑制剂(Roche)。

电泳缓冲液：1× Running Buffer（1L）包含 Tris base 3 g，Glycine 14.4 g，SDS 1 g，H₂O 1 L。

转膜缓冲液：1× 转移缓冲液（1L）包含 Tris base 3 g，Glycine 14.4 g，ddH₂O 定容至 800 mL，再加入甲醇 200 mL 至 1000 mL 于，4 ℃保存。

TBST 缓冲液：用 800 mL 蒸馏水溶解 8 g NaCl，0.2 g KCl 和 3 g Tris – base，HCl 调至 pH 7.4，用蒸馏水定容到 1 L，再加 1 mL 吐温 20。

200 mM PMSF：称取 0.348 g PMSF 溶于 10 mL 甲醇中，分装后，于 – 20 ℃保存。

200 mM 原矾酸钠（Na₃VO₄）：称取 0.368 g Na₃VO₄ 加到 10 mL 去离子水中，用 1 M NaOH，或者 1 M HCl 调节 pH 到 10，加入 HCl 后，溶液变黄。沸煮 5～10 s，溶液变为无色，置冰上冷却至室温，再调节 pH 到 10，反复 3～5 次，直到 pH 稳定达到 10，溶液变为无色为止，分装后 – 20 ℃保存。

10% Triton X – 100：将 Triton X – 100 用去离子水稀释成 10% Triton X – 100。

蛋白酶抑制剂（Roche）：一片用 2 mL 去离子水溶解即为 25×。

【实验方法】

1. 制样

① 按照表 24 – 1 配制裂解液。

表 24 – 1　细胞裂解液配制体系

试剂	终浓度	体积
1 M Tris – HCl（pH 7.5）	20 mM	20 μL
5 M NaCl	150 mM	30 μL
10% Triton X – 100	1%	100 μL
200 mM PMSF	1 mM	5 μL
200 mM Na₃VO₄	1 mM	5 μL
25×蛋白酶抑制剂	1×	40 μL
ddH₂O	—	补充至 1 mL

② 收集细胞于 1.5 mL 离心管中，依据收集细胞的量，加入 3～5 倍细胞体积的裂解液（现用现配），吹打使细胞悬浮混匀后（如果细胞数量过多，则需要进一步超声破碎），在冰上静置 10～15 min。

③ 13000 rpm，4 ℃离心 10 min。

④ 用 BCA 进行蛋白质定量，按照操作说明，制作浓度标准曲线，计算样品浓度。

⑤ 将样品与 4× loading buffer 混匀，沸煮 5 min。13000 rpm 下离心 3 min，室温下冷却后，即可上样电泳。

2. 蛋白样品的定量(依据试剂盒步骤执行)

① 制作浓度标准曲线:标准品为 5 mg mL^{-1},用时将浓度稀释为 0.5 mg mL^{-1}(去离子水),于 96 孔板中按照浓度梯度加入:0,1,2,4,8,16,20 μL,用去离子水将每个孔补足到 20 μL,保证每孔加入的体积为 20 μL。

② 根据 BCA 试剂盒操作步骤完成蛋白定量。

③ 上样量的计算:先对照标准曲线计算出相应值,样品终浓度(包含上样缓冲液)= 计算出的曲线中相应值×稀释倍数× 4/5,上样量(体积)= 30 ~50 μg/样品终浓度。

3. 制胶

① 制分离胶:根据表 24 – 2 选择所需的制胶浓度,然后依据表 24 – 3 的不同配比制备第一层分离胶。

表 24 – 2 PAGE 分离胶分离蛋白范围

SDS – PAGE 分离胶浓度	最佳分离范围
6% 胶	50 ~ 150 KD
8% 胶	30 ~ 90 KD
10% 胶	20 ~ 80 KD
12% 胶	12 ~ 60 KD
15% 胶	10 ~ 40 KD

表 24 – 3 不同浓度 PAGE 分离胶配方

浓度	体积(mL)	H$_2$O	30% Acr – Bis	1.5 M Tris pH 8.8	10% SDS	10% APS	TEMED
6%	10	5.3	2.0	2.5	0.1	0.1	0.008
	20	10.6	4.0	5.0	0.2	0.2	0.016
	30	15.9	6.0	7.5	0.3	0.3	0.024
	40	21.2	8.0	10.0	0.4	0.4	0.032
	50	26.5	10.0	12.5	0.5	0.5	0.04
	60	31.8	12.0	15.0	0.6	0.6	0.048
8%	10	4.6	2.7	2.5	0.1	0.1	0.006
	20	9.3	5.3	5.0	0.2	0.2	0.012
	30	13.9	8.0	7.5	0.3	0.3	0.018
	40	18.6	10.6	10.0	0.4	0.4	0.024
	50	23.2	13.3	12.5	0.5	0.5	0.03
	60	27.8	15.9	15.0	0.6	0.6	0.036

浓度	体积(mL)	H_2O	30% Acr – Bis	1.5 M Tris pH 8.8	10% SDS	10% APS	TEMED
10%	10	4.0	3.3	2.5	0.1	0.1	0.004
	20	7.9	6.7	5.0	0.2	0.2	0.008
	30	11.9	10.0	7.5	0.3	0.3	0.012
	40	15.8	13.3	10.0	0.4	0.4	0.016
	50	19.8	16.7	12.5	0.5	0.5	0.02
	60	23.7	20.0	15.0	0.6	0.6	0.024
12%	10	3.3	4.0	2.5	0.1	0.1	0.004
	20	6.6	8.0	5.0	0.2	0.2	0.008
	30	9.9	12.0	7.5	0.3	0.3	0.012
	40	13.2	16.0	10.0	0.4	0.4	0.016
	50	16.5	20.0	12.5	0.5	0.5	0.02
	60	19.8	24.0	15.0	0.6	0.6	0.024
15%	10	2.3	5.0	2.5	0.1	0.1	0.004
	20	4.6	10.0	5.0	0.2	0.2	0.008
	30	6.9	15.0	7.5	0.3	0.3	0.012
	40	9.2	20.0	10.0	0.4	0.4	0.016
	50	11.5	25.0	12.5	0.5	0.5	0.02
	60	13.8	30.0	15.0	0.6	0.6	0.024

② 封胶:灌入 6.5 mL 的分离胶后应立即封胶,实验室常用超纯水(750 μL),封胶后切记,勿动。当水和胶之间有一条折射线时,说明胶已凝了。待胶凝后将封胶液吸掉,用滤纸将残留水分吸净。

③ 制备浓缩胶:依据表 24 – 4 的不同配比制备第二层浓缩胶(5%)。灌好浓缩胶后,排气泡,插入梳子,注意梳子插入后不要有气泡,待胶凝固,拔除梳子,拔出梳子后检查是否有残胶,若有,小心拿加样枪头拔出。用去离子水冲洗胶孔 3 遍,洗去残胶和气泡。若上样孔有变形,可用细上样枪头拨正;若变形严重,可在去除残胶后用较薄的梳子再次插入梳孔后加水拔出。

表 24 - 4　PAGE 浓缩胶配方

体积(mL)	H₂O	30% Acr - Bis	1.0 M Tris, pH 6.8	10%SDS	10% APS	TEMED
5	3.13	0.84	0.93	0.05	0.05	0.005
10	6.26	1.67	1.86	0.10	0.10	0.01
15	9.39	2.51	2.79	0.15	0.15	0.015
20	12.52	3.34	3.72	0.20	0.20	0.02
25	15.65	4.18	4.65	0.25	0.25	0.025
30	18.78	5.01	5.58	0.30	0.30	0.03

4. 电泳

① 依据所测的蛋白样品浓度,计算所有蛋白样品上样量,将每种蛋白样本根据计算的上样量点在胶孔中。

② 样品两侧的泳道可用等体积的 1 × loading buffer 上样,Marker 加入 2 ~ 2.5 μL。

③ 调整电压为 90 V 进行稳压电泳,当 1 × loading buffer 的指示条带到达分离胶与浓缩胶交界处时(大约 30 min),调整电压为 120 V 继续电泳。

④ 在目的蛋白泳动至距胶下缘 0.5 ~ 1 cm 以上结束,大约 85 min。

5. 转膜(湿转)

① 电泳结束前 10 min 左右开始准备,PVDF 膜泡入甲醇中活化表面阳离子至少 3 min,从 4 ℃ 冰箱拿出提前准备好的冰冷的转膜缓冲液倒入盆中,将膜从甲醇中取出,与两张滤纸、两个海绵一起放入转膜缓冲液至少 3 min。

② 将玻璃板撬开才可剥胶,撬的时候动作要轻,要从两块板子底部中间轻轻地用塑料铲撬开。撬时一定要小心,玻板很脆弱。除去小玻璃板,取出凝胶后应注意分清上下,可以在右下角裁一个小角。之后将切好的胶在转移液中稍稍浸泡一下,放好转膜所用的夹板,黑面在下方,然后按顺序依次铺上海绵垫子,滤纸和胶;PVDF 膜左上方要做标记,标记面要对应最先加样侧的大分子蛋白,以便于转膜后区分加样顺序。注意用玻棒或者塑料铲子逐出膜与胶之间的气泡。

③ 注意转膜夹板与胶和膜的放置,胶靠近黑板,膜靠近白板。插入后,黑板对应黑面,将冰槽和转子放入总槽内,总槽放在磁力搅拌器上方,90 V 电压转膜 1.5 ~ 2 h。间隔 1 h,换一次冰。

6. 封闭

① 配制封闭液,0.8 g 脱脂奶粉加 16 mL TBST。

② 将膜从电转槽中取出,可用 0.1% 的 TBST 稍加漂洗,浸没于封闭液中缓慢摇荡 20 ~ 60 min(60 rpm 左右)。

7. 抗原抗体反应

① 根据所需蛋白的位置裁剪 PVDF 膜。

② 根据需要,准备相应的抗体,用配好的 5% 的脱脂牛奶按照比例稀释。一抗加入 0.02% ~0.05% 的叠氮化钠(有剧毒,常温避光保存)于 4 ℃冰箱保存。二抗于 -20 ℃冰箱保存(切记二抗不加叠氮化钠)。

③ 一抗反应:将 PVDF 膜与稀释好的一抗(封闭液稀释)封闭振荡 2 h 或者 4 ℃孵育过夜。

④ 洗涤:将膜取出置于摇床上用 0.1% TBST 洗膜,室温,6 min(4 次)。

⑤ 二抗反应:将膜置于二抗中,常温孵育 1 h。

⑥ 洗涤:0.1% TBST 洗膜 4 次,每次 6 min,准备显色。

⑦ 将 ECL 的 A 和 B 两种试剂在 EP 管内等体积混合(一张 6×8 cm 的膜需要 AB 试剂各 1 mL,注意吸完 A 试剂后吸 B 试剂前要换枪头),然后均匀滴在 PVDF 膜的蛋白面,反应 1~2 min 后转移到暗室中,按照平台仪器指示说明开始曝光。

【结果分析】

保存条带原始图,一定要保存 Merge 图,便于查看蛋白大小位置是否正确,条带拿到后,用 photoshop 中的选取框工具选取目标条带,并复制在 PPT 中,标注样本名称以及蛋白名称,必要时可以标注蛋白 Marker 的大小位置,便于明确主带(图 24 -1)。

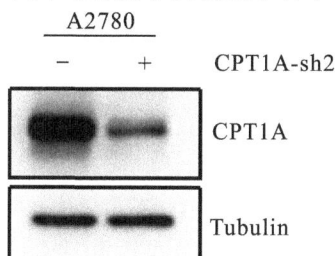

图 24 -1 免疫印迹检测 CPT1A 在 A2780 细胞中的敲减效果

【注意事项】

① 防止蛋白质在样品处理过程中的被降解或去磷酸化等修饰,样品制备时应在冰上进行,并加入合适的蛋白酶抑制剂和磷酸酶抑制剂。细胞复苏时,从液氮中取出的细胞在最短的时间内放入水浴锅,可最大程度减少解冻过程中细胞内形成冰晶,影响细胞存活。

② 样品如果需要长期保存,建议分装成合适的量,然后冻存于 -20 ℃ 或 -80 ℃ 中,注意避免反复冻融,因为其会导致蛋白的抗原特性发生改变。

③ 若蛋白提取过程存在问题或蛋白发生降解则很难进行好之后的实验,也就很难做出好的结果了。除此之外 loading buffer 的作用也不容忽视,切莫使用不新鲜的上样缓冲液,同时在处理时也应注意将样品与 loading buffer 混合均匀。

④ 注意一定要将玻璃板洗净,将玻璃板晾干。

⑤ 玻璃板对齐后放入夹中卡紧。然后垂直卡在架子上,底面必须紧靠底板且互相平行,再准备灌胶。

⑥ 疏水 PVDF 膜在用前必须经过 50% 或以上体积比的甲醇或者乙醇溶液处理几分钟，待膜变成半透明后用纯水漂洗一下，转入电泳缓冲液平衡才能用。

【参考文献】

［1］TAYLOR S C, POSCH A. The design of a quantitative western blot experiment［J］. BioMed research international. 2014, 2014.

［2］KURIEN B T, SCOFIELD R H. Western blotting［J］. Methods. 2006, 38(4)：283 – 93.

［3］HNASKO T S, HNASKO R M. The western blot［J］. ELISA：Methods and Protocols. 2015：87 – 96.

［4］LIU Z Q, MAHMOOD T, YANG P C. Western blot：technique, theory and trouble shooting［J］. North American journal of medical sciences. 2014, 6(3)：160.

实验二十五　酶联免疫吸附

【引言】

在实验二十四中我们已经提到,ELISA 也是检测蛋白表达水平的一种常用方法。ELISA 的原理也是基于抗原或抗体结合,但是与 Western blot 的最大不同之处在于:Western blot 是首先将抗原依据分子大小和电荷等分离,然后才进行抗原抗体反应,而 ELISA 在抗原抗体反应之前不分离抗原。结合在固相载体表面的抗原或抗体仍保持其免疫学活性,酶标记的抗原或抗体既保留其免疫学活性,又保留酶的活性。在测定时,受检标本(测定抗体或抗原)与固相载体表面的抗原或抗体起反应。用洗涤的方法使固相载体上形成的抗原抗体复合物与液体中的其他物质分开。再加入酶标记的抗原或抗体,也通过反应而结合在固相载体上。此时固相上的酶量与标本中受检物质的量成一定的比例。加入酶反应的底物后,底物被酶催化成为有色产物,产物的量与标本中受检物质的量直接相关,故可根据呈色的深浅进行定性或定量分析。由于酶的催化效率很高,间接地放大了免疫反应的结果,使测定方法达到很高的敏感度。

【目的与要求】

掌握 ELISA 的原理和实验方法及步骤。

【实验设备与材料】

① 实验仪器:微量移液器,移液枪,酶标仪,恒温培养箱。

② 实验材料:样品(包括血液,体液,细胞上清等),酶标板,枪头。

③ 实验试剂:包被缓冲液,封闭液,洗涤缓冲液,显色底物(TMB),硫酸。

【实验方法】

① 包被:将捕获抗体用包被缓冲液稀释至最适浓度,向酶标板中每孔加入 100 μL,4 ℃ 过夜孵育;次日,甩尽孔内液体,用洗涤缓冲液冲洗,冲洗 2 min 后甩尽孔内液体,在洁净的吸水纸上拍干,重复三次洗涤。

② 封闭:向每个孔中加入 300 μL 的封闭液,37 ℃孵育至少 1 h。封闭结束后,用洗涤缓冲液冲洗 3 次,每次 2 min。

③ 加样:每孔加入 100 μL 样品或梯度稀释后的抗原标准品,同时设置空白孔,阴性对照及阳性对照。盖上胶条,37 ℃ 孵育 1 h,洗涤 3 次。

④ 加生物素化抗体:向各反应孔中加入 100 μL 生物素化抗体稀释液,盖上胶条,37 ℃ 孵育 1 h,洗涤 3 次。

⑤ 加酶结合物工作液:向各反应孔中加入 100 μL 酶结合物工作液,盖上胶条,37 ℃ 孵育 1 h,洗涤 3 次。

⑥ 加底物显色:向各反应孔中加入 100 μL TMB 底物溶液,37 ℃ 避光反应 10 ~ 30 min。

⑦ 终止反应:向各反应孔中加入 50 μL 的 2 M 硫酸终止反应。

⑧ 结果判定:将 ELISA 板置于酶标仪上,于 450 nm 处读取各孔的 OD 值,各孔分别减去空白对照孔 OD 值进行调零,根据标准品制作标准曲线,再分别计算各样品孔的抗原含量。

【结果分析】

标准曲线以及样品浓度换算如图 25-1 所示。

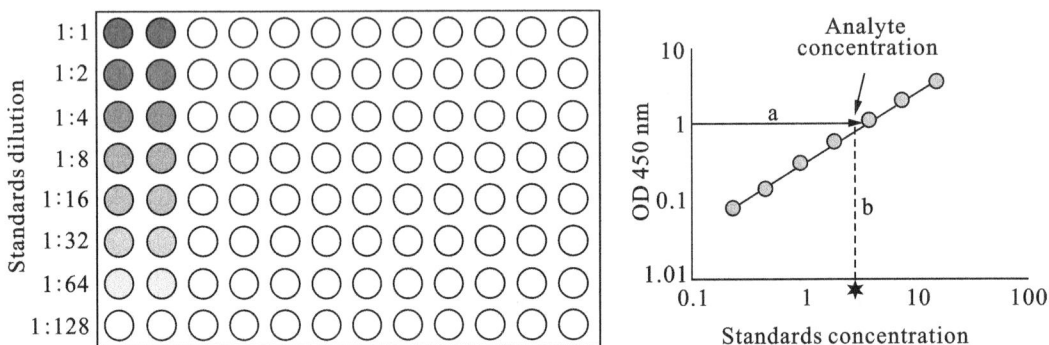

图 25-1　ELISA 绘制标准曲线以及样品浓度换算

如果背景偏高或阴性对照值偏高,考虑有可能试剂或样品出现污染,洗涤不充分,底物孵育时间过长,孵育温度过高,没有终止反应,抗体量过多导致非特异性结合,封闭缓冲液封闭无效或者没有正确封闭,读板前停留时间过长。

如果阳性对照值偏低或低吸光度,则可能使用的样品中没有靶蛋白或者靶蛋白含量偏低,抗体含量不足,抗体孵育时间及温度不合适,洗涤步骤过于剧烈,试剂未室温平衡。

标准曲线不佳,可能存在倍比稀释时标准品未混匀,过早稀释标准品,加入的体积不正确等问题。

重复性较差,可能是由微孔中有气泡,试剂未混匀,加样不均匀,样品中有杂质或沉淀物等因素造成。

【注意事项】

① 抗原或抗体选择:抗原的纯度决定了测定的特异性,抗体的特异性决定了整个测定方法的特异性,抗体的亲和力则制约着测定方法的灵敏度和测定下限。

② 固体载相:许多物质可作为固相载体,但在 ELISA 中最常用的是聚苯乙烯 ELISA 板,它具有吸附性能好,空白值低,孔透明度高,各板之间和同一板各孔之间性能相近等优点。

③ 标本因素:实验标本应采集及储存得当。

④ 环境因素:操作前应对实验的物理参数有充分的了解,如环境温度(保持在18~25℃),环境湿度,要先查看水育箱温度,是否符合要求。

⑤ 试剂准备:ELISA试剂从冰箱拿出时应室温放置20~30 min后使用,以使试剂盒在使用前与室温平衡。如若直接使用可能会影响后面温育时间不够的问题,导致一些弱阳性标本检测出现假阳性。

⑥ 加样:正确使用加样器,加样器应垂直加入标本或试剂,避免刮擦包被板底部。加样过程中避免液体外溅,或使样品残留在反应孔壁上,加样器吸头要清洗干净,避免污染,加样次序要与说明书一致,否则可导致结果错误,实验重复性差。

⑦ 温育:37 ℃是最常用的温育温度,在进行ELISA等操作时要保证在设定的温度下有足够的反应时间。

⑧ 洗涤:手工洗板加洗液时冲击力不要太大,洗涤次数不要超过说明书推荐的洗涤次数,洗液在反应孔内滞留的时间不宜太长。不要使洗液在孔间窜流,造成孔间污染,导致假阴性或假阳性。

⑨ 显色:显色液量不可过多,加样的工作环境不能处于阳光直射的环境下,加显色液后要避光反应。为使弱阳性标本孔能有充分的显色,建议在37 ℃下反应25~30 min后,终止反应比色测定。

【参考文献】

[1] DARWISH I A. Immunoassay methods and their applications in pharmaceutical analysis:basic methodology and recent advances [J]. Int J Biomed Sci. 2006, 2(3):217 – 235.

[2] DANIELAK D, BANACH G, WALASZCZYK J et al. A novel open source tool for ELISA result analysis [J]. J Pharm Biomed Anal, 2020, 189: 113415.

[3] DAMEN C W N , GROOT E R D , HEI J M, et al. Development and validation of an enzyme – linked immunosorbent assay for the quantification of trastuzumab in human serum and plasma[J]. Analytical Biochemistry. 2009, 391(2):114 – 120.

[4] BU D, ZHUANG H, ZHOU X et al. Biotinstreptavidin enzyme – linked immunosorbent assay for detecting Tetrabromobisphenol A in electronic waste[J]. Talanta. 2014, 120:40 – 46.

[5] GAN S D,PATEL K R. Enzyme immunoassay and enzyme – linked immunosorbent assay [J]. J Invest Dermatol. 2013, 133(9):e12.

实验二十六 siRNA 转染目标细胞

【引言】

RNA 干扰是一个自然的过程,通过降解靶 mRNA,导致基因表达沉默。与 mRNA 序列互补的 RNA 结构会导致基因表达的抑制,并因此导致合成蛋白的积累减少。1998 年,"RNA 干扰"一词首次被提出来并揭示了它发生的机制从而于 2006 年获得了诺贝尔奖。Fire 和 Mello 等证明了 RNAi 中的基因沉默是由 dsRNA 介导的,而不是单链反义 RNA。siRNA 介导的基因沉默后来被证明是一个转录后序列特异性的过程。

小干扰 RNA(siRNA)是一种 21~23 个核苷酸长的双链 RNA 分子,在转录后水平上发挥作用。长的双链 RNA 与 Dicer 一起形成复合物,双链特异性的核糖核酸酶 III 能够将它们处理成带有两个游离碱基的长度为 21~23nt 的 siRNA。随后这些 siRNA 片段与 RISC 结合,RISC 由 Argonaute – 2(Ago – 2)、Dicer 和 TAR – RNA – 结合蛋白(TRBP)组成。然后 RNA 的两条链分开,其中一条链从复合物上分离。5′端双链稳定性最低的那条链被选择出来,稳定地并入沉默复合物中。

【目的与要求】

① 掌握在贴壁细胞中使用 siRNA 的一般方法与步骤。
② 掌握检测 siRNA 敲低效率的方法。

【实验设备与材料】

① 实验仪器:生物安全柜,CO_2 培养箱,离心机,实时定量 PCR 仪,PCR 仪,超净工作台。
② 实验材料:细胞培养皿,移液器,1.5 mL EP 管,0.2 mL EP 管。
③ 实验试剂:细胞培养液,PBS,lipofectamine RNAiMAX 转染试剂。

【实验方法】

1. siRNA 序列设计途径

(1)文献查找

对于目的基因 siRNA 序列的设计,首先可以进行文献检索,文献中若有相关功能研究使用 siRNA,在方法中可寻找所使用的 siRNA 序列。

（2）siRNA 序列设计

① 从 NCBI 网站获取目的基因的 CDS 序列。

② 复制 CDS 序列至 https://sidirect2.rnai.jp/；选择种属，点击"Design siRNA"。

③ 选择靶点相差 25 bp 以上的至少 3 条候选序列。随后将 siRNA 片段进行 Blast 分析，选择与靶基因特异结合的序列用于后续实验。

④ 将选中的 siRNA 序列打乱，通过 Blast，保证没有与其他基因的同源性，即为对照组 Scramble。

2. 细胞转染

① 将细胞按 5×10^5 细胞/孔接种于 6 孔板中，密度增长到 70%，即可开始转染。

② 在 1.5 mL EP 管中用 PBS 分别配制 500 μL A 液（含 1% lipofectamine RNAiMAX 转染试剂）和 500 μL B 液（400 nM siRNA 或 Scramble）。

③ 将 A 液和 B 液混合，室温下孵育 5 min，加入 2 mL 细胞培养基。

④ 用移液器将细胞上层液体弃去，加入新配置的 AB 混合液。

⑤ 转染 48～72 h 后，弃去上清液。根据细胞 RNA 提取方法提取细胞 RNA。

⑥ 将得到的 RNA 按照表 26-1 配制反转录体系，利用 PCR 仪反转录为 cDNA。

表 26-1　反转录体系

反转录体系组分	体积
RNA	500 ng
$5 \times PrimeScript^{TM}$ RT Master Mix	2 μL
ddH_2O	补充至 10 μL

⑦ 利用实时定量 PCR 仪检测目标基因表达水平。

【注意事项】

① A 液和 B 液混合孵育时，保持静置，否则将影响转染试剂转染效率。

② 根据转染细胞不同，可调整 siRNA 和 lipofectamine RNAiMAX 转染试剂使用浓度。

实验二十七　shRNA 设计和载体构建

【引言】

shRNA 即小发卡或短发卡 RNA,是一段具有紧密发卡环的 RNA 序列,可加工成 siR-NA。shRNA,包括两个短的反向重复序列,可以克隆至 shRNA 表达载体,后通过质粒转染或病毒转导引入细胞,用于沉默靶基因的表达。构建 shRNA 表达载体是通过将 siRNA 转化为 shRNA(编码 siRNA 正义链和反义链,并且之间由一段 loop 序列隔开),然后将化学合成的 shRNA 插入到载体中,载体可通过转染进入细胞,或者包装成慢病毒,由慢病毒感染细胞(从而把 shRNA 带入细胞)。此外,慢病毒介导的 shRNA 稳定地抑制靶基因,可以有效地转导大多数细胞。慢病毒表达载体是将遗传物质输送到几乎任何哺乳动物细胞(包括非分裂细胞和整个模型生物)的最有效载体。与标准质粒载体一样,可以使用常规转染方案以低至中等效率将质粒形式的 shRNA 慢病毒载体构建体引入细胞中。然而,通过将慢病毒 shRNA 构建体包装在伪病毒颗粒中,即使是最难转染的细胞,如原代细胞、干细胞和分化细胞,也可以获得 siRNA 的高效转导和可遗传表达。在细胞中转导的表达构建体被整合到基因组 DNA 中,并提供靶基因的稳定、长期表达。内源性表达的 siRNA 效应物提供了靶基因的长期沉默,获得具有稳定敲低表型的细胞系和转基因生物,用于功能研究。

【目的与要求】

① 掌握 shRNA 设计的一般方法与步骤。
② 了解 shRNA 载体构建的原理。
③ 熟悉并掌握 shRNA 载体构建的方法。

【实验设备与材料】

① 实验仪器:生物安全柜,CO_2 培养箱,离心机,PCR 仪。
② 实验材料:细胞培养皿,移液器,离心管,20 mL 注射器,0.22 μm 滤器,烧杯,96 孔板。
③ 实验试剂:细胞培养基,PBS,DNA 连接酶,核酸内切酶,氨苄青霉素。

一、shRNA 序列设计

【实验方法】

1. shRNA 序列设计途径一

对于目的基因 shRNA 序列的设计，首先可以进行文献检索，文献中若有相关功能研究使用 shRNA，在方法中可寻找所使用的 shRNA 序列。

2. shRNA 序列设计途径二

① 登录网址：http://sirna. wi. mit. edu/（需进行注册，留意网站的运行状态）。

② 在 NCBI 上面查找所感兴趣基因的 CDS 序列，复制 CDS 序列。

③ 将基因 CDS 序列粘贴至在线网站文本框的位置，其他选项默认（图 27－1）。

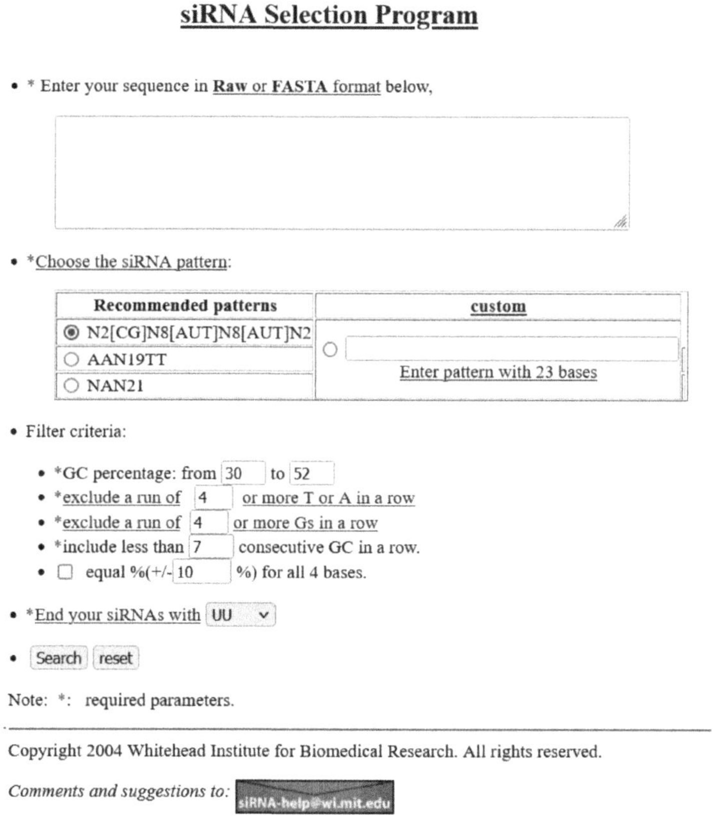
siRNA Selection Program
* Enter your sequence in Raw or FASTA format below,
*Choose the siRNA pattern:
Recommended patterns
custom
N2[CG]N8[AUT]N8[AUT]N2
AAN19TT
NAN21
Enter pattern with 23 bases
Filter criteria:
*GC percentage: from 30 to 52
*exclude a run of 4 or more T or A in a row
*exclude a run of 4 or more Gs in a row
*include less than 7 consecutive GC in a row.
equal %(+/- 10 %) for all 4 bases.
*End your siRNAs with UU
Search
reset
Note: *: required parameters.
Copyright 2004 Whitehead Institute for Biomedical Research. All rights reserved.
Comments and suggestions to:
siRNA-help@wi.mit.edu

图 27－1 siRNA 设计网站页面展示

④ 选择候选结果列表中的前三个（图 27－2，对于所选的序列在 NCBI 上进行 BLAST，确定其特异性）。

Choose siRNA Candidate(s)

1. **siRNA candidates after filtering the base_run, gc%, and base_variation:** (The more oligos you choose, the longer time for you to get results.)
   Oligo patterns: A=AAN19TT; B=NAN19NN; C=N2[CG]N8[AU]N8[AU]N2; F=Custom

check all oligos | uncheck all oligos

		Position	Sequence	Patterns	GC%	Thermodynamic Values	SNPs	miRNA targets
☐	1	1485-1507	S 5': GGGUGAACAACUCCAAUAA UU mRNA: aa gggtgaacaactccaataa ga AS 3': UU CCCACUUGUUGAGGUUAUU	B,C	42	-7.2 (-12.1, -4.9)	NA	272[87]
☐	2	989-1011	S 5': GUGCUGAUGUCCAGUAAAU UU mRNA: ga gtgctgatgtccagtaaat at AS 3': UU CACGACUACAGGUCAUUUA	B,C	42	-6.6 (-11.0, -4.4)	NA	336[91]
☐	3	1023-1045	S 5': CUGGAAGAGUGGAAUUUAA UU mRNA: ca ctggaagagtggaattaa cg AS 3': UU GACCUUCUCACCUUAAAUU	B,C	37	-5.7 (-10.4, -4.7)	NA	558[97]
☐	4	764-786	S 5': GUGGGAGAAAGGGAAAUCU UU mRNA: tg gtgggagaaagggaaatct cc AS 3': UU CACCCUCUUUCCCUUUAGA	C	47	-5.5 (-12.1, -6.6)	NA	163[69]
☐	5	942-964	S 5': GCGUCGGAAAUACCAACAU UU mRNA: at gcgtcggaaataccaacat ct AS 3': UU CGCAGCCUUUAUGGUUGUA	C	47	-5.1 (-11.6, -6.5)	NA	107[50]
			S 5': GACCCAAAGAUCGUGAACA UU					

图 27 - 2 候选 siRNA 序列页面展示

⑤ 设计好的序列如图 27 - 3(以基因 PPAR - γ 为例)进行合成。

1 GCTCCAAGAATACCA 已blast	mPPAR γ **GATCC**GCTCCAAGAATACCAAAGTttcaagagaACTTTGGTATTCTTGGAGC**TTTTTG**
	mPPAR γ **AATTC**AAAAAGCTCCAAGAATACCAAAGTtctcttgaaACTTTGGTATTCTTGGAGCG
2 GGTTGCTGATTACA 已blast	mPPAR γ **GATCC**GGTTGCTGATTACAAATATttcaagagaATATTTGTAATCAGCAACC**TTTTTG**
	mPPAR γ **AATTC**AAAAAGGTTGCTGATTACAAATATtctcttgaaATATTTGTAATCAGCAACCG
3 GACAGTGACTTGGC 已blast	mPPAR γ **GATCC**GACAGTGACTTGGCTATATttcaagagaATATAGCCAAGTCACTGTC**TTTTTG**
	mPPAR γ **AATTC**AAAAAGACAGTGACTTGGCTATATtctcttgaaATATAGCCAAGTCACTGTCG

图 27 - 3 用于合成的 shRNA 序列示例

⑥ 将选中序列的 Sense 和 Antisense(10 μM)于室温下退火,并插入载体(载体:pSIH1 - H1 - copGFP shRNA Vector)骨架序列中(图 27 - 4)。

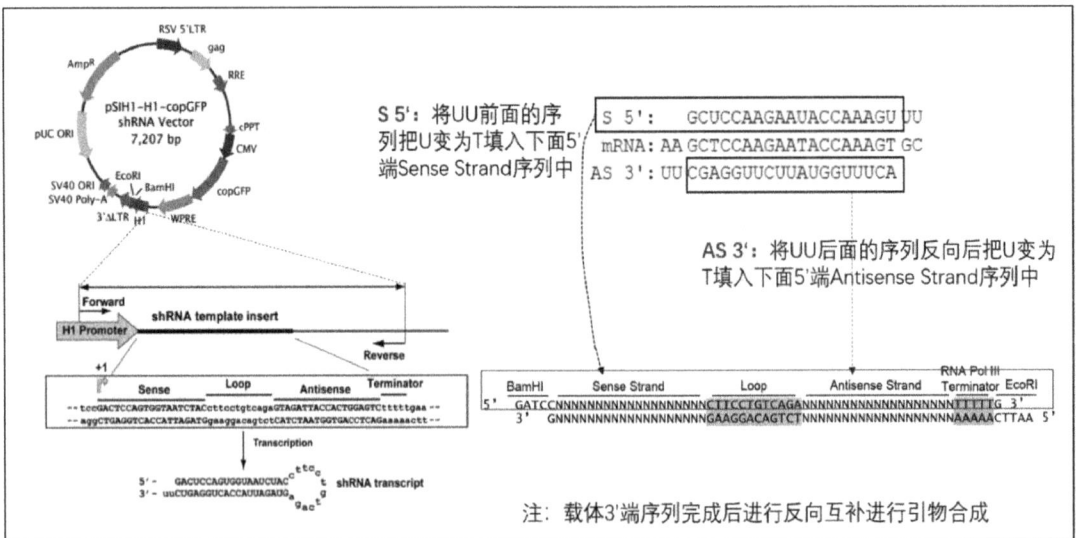

图 27 - 4 构建 shRNA 载体流程示意图

二、载体构建

【实验方法】

① 退火寡核苷酸链。

用水将寡核苷酸稀释为 100 μM。按表 27 - 1 体系配制退火反应体系。

表 27 - 1 退火反应体系

物质	体积
正义寡核苷酸	(100 μM)2 μL
反义寡核苷酸	(100 μM)2 μL
10 × T4 DNA 连接酶缓冲液	1 μL
去离子水	15 μL

在 PCR 仪或沸水烧杯中 95 ℃孵育 4 min。如果使用 PCR 仪,将样品在 70 ℃孵育 10 min,然后在数小时内缓慢冷却至室温。如果使用烧杯,请将烧杯从火焰中取出,并让水冷却至室温。这将需要几个小时,但对于寡核苷酸退火冷却发生缓慢是很重要的。

② 酶切载体:双酶切 2 μg 载体。酶切方法和体系参照内切酶说明书方法进行。

③ 连接载体。

用水将退火后的寡核苷酸稀释 100 倍备用。按照表 27 - 2 体系配制连接反应体系。

表 27 - 2 连接反应体系

物质	体积
10 × T4 DNA 连接酶缓冲液	2 μL
线性化载体	7 μL
稀释后寡核苷酸	7 μL
T4 DNA 连接酶	1 μL
去离子水	3 μL

接连反应条件和时间参照购买的连接酶说明书进行。

④ 转化大肠杆菌感受态。

用连接后产物转化大肠杆菌感受态细胞 DH5α,在氨苄抗性的琼脂平板上 37 ℃培养转化后的细菌,14 ~ 16 h 后,平板上出现单个细菌菌落。分别挑取多个菌落至氨苄抗性的培养基中培养后进行鉴定。

⑤ 转染细胞。

可用常用的转染方法进行细胞转染。包括磷酸钙转染、脂质体转染、电穿孔转染等。

⑥ 观测 GFP 荧光和稳定表达细胞系筛选。

如果细胞转染成功,并且使用了带 GFP 的载体,根据细胞生长速度的不同,在转染后 3~5天能在荧光显微镜下观察到细胞发出绿色荧光。请注意,绿色荧光蛋白的表达表明转染细胞成功,不能说明 RNA 干扰实验成功。

⑦ 检测 RNA 干扰效率。

可以在蛋白水平或 mRNA 水平检测 RNA 干扰效率。一般情况下蛋白的表达变化与 mRNA 水平的表达变化一致,也有少数情况下 mRNA 表达水平变化不及蛋白表达下降明显。为检测蛋白表达情况,可以使用 Western blot。

为检测 mRNA 表达情况,可以提取细胞 RNA 后做实时定量 PCR。

【结果分析】

带有 GFP 的病毒载体在包装成病毒后感染细胞,如图 27-5 所示,可通过荧光显微镜观察细胞中绿色荧光的表达,可评估细胞的感染效率。具体的基因敲减效率,则需要通过 Western blot 检测分析。

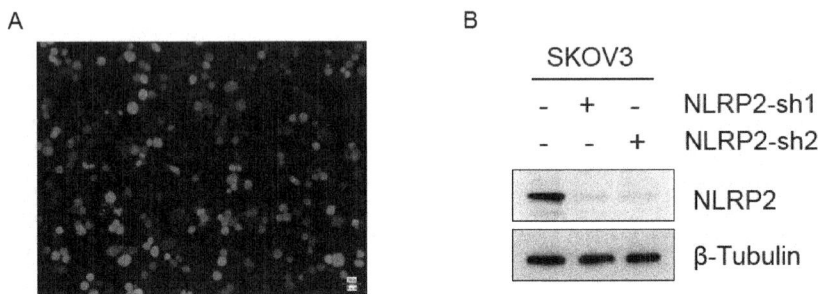

图 27-5　病毒感染细胞检测

【注意事项】

① shRNA 序列设计:设计 shRNA 时,应避免靶向序列中连续出现四个及以上的 T 碱基,以防止 RNA 聚合酶 III 的提前终止。同时,建议设计多个 shRNA 序列以提高基因沉默的效率。

② 启动子选择:当选择 U6 启动子时,建议靶向序列以 G 碱基开头,以获得最佳的表达效果。

③ 酶切位点:在设计酶切位点时,需要考虑目的基因片段内部不含有选定的酶切位点,以避免在鉴定阳性重组子时将目的基因切断。同时,应选择常用的酶切位点,以降低成本,并确保两个酶切位点至少相隔 3 个碱基,避免使用同尾酶以防止自连。

④ 质粒提取和鉴定:采用可靠的质粒提取和鉴定方法,确保所得质粒的质量和纯度符合要求。

⑤ 避免剪接位点和保守序列:设计 shRNA 时,避免靶向序列位于基因转录本中已知的剪接位点或高度保守的序列,以减少脱靶效应。

⑥ 避免高 GC 序列:设计 shRNA 时应避免选取 GGG 和 CCC 等高 GC 序列,以确保 RNA 的稳定性和功能。

⑦ 特异性验证:设计完成后,建议在 NCBI 上进行 BLAST 分析,确保靶点的特异性,避免脱靶效应。

实验二十八　CRISPR/Cas9 技术

【引言】

CRISPR（Clustered Regularly Interspaced Short Palindromic Repeats）/Cas（CRISPR－associated gene）系统最早是在 Streptococcus pyogenes 细菌中发现的,它是一种原核免疫系统,通过选择性靶向和破坏外源 DNA 如病毒来保护细胞。CRISPR/Cas9 是一种基于 II 型 CRISPR 的高效基因编辑系统,主要有 3 个组分:Cas9 蛋白、tracrRNA 和 pre－crRNA。CRISPR/Cas9 作为一种新型的基因编辑技术,是基因层面的重要研究手段。该技术较其他基因编辑技术来说,具有成本低、操作简单、脱靶效率低的特点。Cas9 蛋白通过 sgRNA 指引到达指定位点后,对靶标序列的双链进行切割,使 DNA 双链断裂,从而激活细胞的 DNA 双链断裂修复功能。在修复过程中,会发生少量碱基的替换、缺失或插入,从而导致基因被编辑。作为第三代基因组定点编辑技术——CRISPR/Cas9 系统具有显著优势。CRISPR/Cas9 的优势非常明显:首先载体构建简单且靶向效率高,只需要构建一个几十个碱基的 CRISPR sgRNA 即可与 DNA 序列进行匹配,从而介导 Cas9 蛋白对 DNA 序列进行切割;其次 CRISPR/Cas9 可编辑的位点分布频率较高,易选择合适的位点进行基因编辑;最重要的是 CRISPR/Cas9 可同时对基因组进行多位点编辑。CRISPR/Cas9 系统因其系统成分简单、操作方便、突变效率高、成本低廉的优点,已成为现在发展最为迅速、国内外学者广泛研究开发、应用于多种生物体基因组的定向基因编辑技术。

【目的与要求】

① 了解 CRISPR/Cas9 技术原理。

② 熟悉并掌握 sgRNA 设计、载体构建及病毒包装流程。

【实验设备与材料】

① 实验仪器:超速离心机。

② 实验材料:HEK293T 细胞,100 mm 细胞培养皿,Amicon Ultra－15 Centrifugal Filter Unit 离心过滤器,注射器 5 mL,针头 18G,PA ultracrimp tube（11.5 mL）,脊椎穿刺针 18G（89 mm）。

② 实验试剂:DMEM 培养基,青/链霉素,胎牛血清,Optiprep iodixanol solution(碘克沙醇)(60% Iodixanol) 避光保存,苯酚红溶液(高压灭菌或过滤),PEG - 8000,PBS,1 M Tris - HCl(pH 8.5),Triton X - 100,5 M NaCl,1 M MgCl$_2$,2 M KCl,Pierce universal nuclease,10% Pluronic - F68,1 × PEI - MAX (1 mg mL^{-1})。

【实验方法】

1. sgRNA 序列的设计

① 明确需要设计的基因,进入 NCBI 找到该基因的基本信息。

② 如实验样本是鼠,则需选择鼠源的序列,并记录序列号。

③ 明确该基因是否具有变体及不同变体的关系。

④ 根据不同转录本,查找 CDS 区的对应位置,在 Blast 上进行比对,找出 CDS 的共有区域。

⑤ 明确共有 CDS 区的第一个和第二个外显子(在设计并筛选 sgRNA 的时候,可以提前查找一下目标基因在赛业,Jackson 等生物公司中 loxp 鼠设计的敲除区域是位于该基因的第几个变体以及第几个外显子,从而进行参考设计)。

⑥ 进入网站:https://zlab. bio/guide - design - resources,选择工具"Benchling"点入,注册账号,点击"CRISPR"→"CRISPR GUIDES"开始设计。

⑦ 粘贴外显子 1 的序列,则可以看到软件设计的所有 sgRNA,根据 sgRNA 的选择原则,选择合适的 sgRNA。

⑧ 若软件给出的是 sgRNA 在正链

a. 对应的基因组序列写法公式:

5′ - 3′端为:

对应基因组位置前面 3 个碱基 + "软件给出的 sgRNA 序列 + PAM 序列(NGG)" + 对应基因组位置后面 6 个碱基

3′ - 5′端为:

上述 5′ - 3′端的互补序列

b. 载体中的 sgRNA 序列写法公式:

5′ - 3′端为:

CACC(即 *Bbs* I 酶切位点) + sgRNA 序列(如果软件给出序列的第一个碱基不是 G,那么将第一个碱基删掉,替换成 G;如果给出的序列第一个碱基是 G,则不做处理。)

3′ - 5′端为:

5′ - 3′端中 sgRNA 的互补序列 + CAAA(即 *Bbs* I 酶切位点)

c. 合成序列:将上述"载体中的 sgRNA 序列"都写成 5′ - 3′端即可。

⑨ 当软件给出的是 sgRNA 在负链,直接使用软件给出的序列,不需反向互补。

a. 对应的基因组序列写法公式:

5′ - 3′端为:

对应基因组位置前面3个碱基+"软件给出的sgRNA序列+PAM序列"的反向互补序列+对应基因组位置后面6个碱基

3′-5′端为：

上述5′-3′端的互补序列。

b. 载体中的sgRNA序列写法公式：

5′-3′端为：

CACC(即 *Bbs* I 酶切位点)+ sgRNA 序列(如果软件给出序列·的第一个碱基不是G，那么将第一个碱基删掉，替换成G；如果给出的序列第一个碱基是G，则不做处理。)

3′-5′端为：

5′-3′端中sgRNA的互补序列+CAAA(即 *Bbs* I 酶切位点)

c. 送去公司合成的序列：将上述"载体中的sgRNA序列"都写成5′-3′端即可。

⑩ 将共有外显子与全基因组序列进行比较：

在"GeneBank"，查找基因组信息(如：Mus musculus strain C57BL/6J chromosome 1, GRCm39)以及相对应的基因组信息(如 NC_000067,41262 bp)，与共有 CDS 区进行 Blast,在全基因组序列中用阴影区标出共有 CDS 区的外显子1及外显子2(明确全基因组中外显子1及外显子2的位置)。

2. Scramble **序列的设计**

Scramble 序列设计要求：打乱目的基因后随机乱序的 20 bp 的序列(sgRNA 为 20 bp)，该序列生成后需在 Blast 进行比对，不能与目的基因序列同源。

① 复制目的基因与sgRNA相同外显子序列进入 NOVO Pro 网站打乱 DNA 序列。(https://www. novopro. cn/tools/shuffle_dna. ht mL)

② 随机选取 20 bp 进行 Blast 比对。

原则：

① 该序列不能比对到哺乳动物基因。

② 该序列不能比对到目标基因序列。

3. sgRNA **载体改造**

载体改造整体思路(图 28-1)：

针对目标基因设计 sgRNA 以及 Scramble——连接至 U6-sgRNA 载体(含 U6 启动子)——将 U6-sgRNA 或 U6-Scramble 表达框连接至含 cre 表达框的载体——包装慢病毒,感染 Cas9-MEF 细胞系检测 sgRNA 剪切效率(T7EI 酶切和测序)——病毒包装。

(1)单个 sgRNA 载体构建

合成 3 对 sgRNA 以及 Scramble 后进行引物退火。

20 μL：目标基因-sgRNA-1/ 2/ 3/ Scramble F(10 μM)。

20 μL：目标基因-sgRNA-1/ 2/ 3/ Scramble R(10 μM)。

轻弹混匀,短甩后室温静置 2 h,直接使用,剩余的退火片段置于-20 ℃保存。

sgRNA(含 U6 promoter)载体构建整体思路:选择合适的酶切位点,通过酶切酶连将目标基因导入载体。

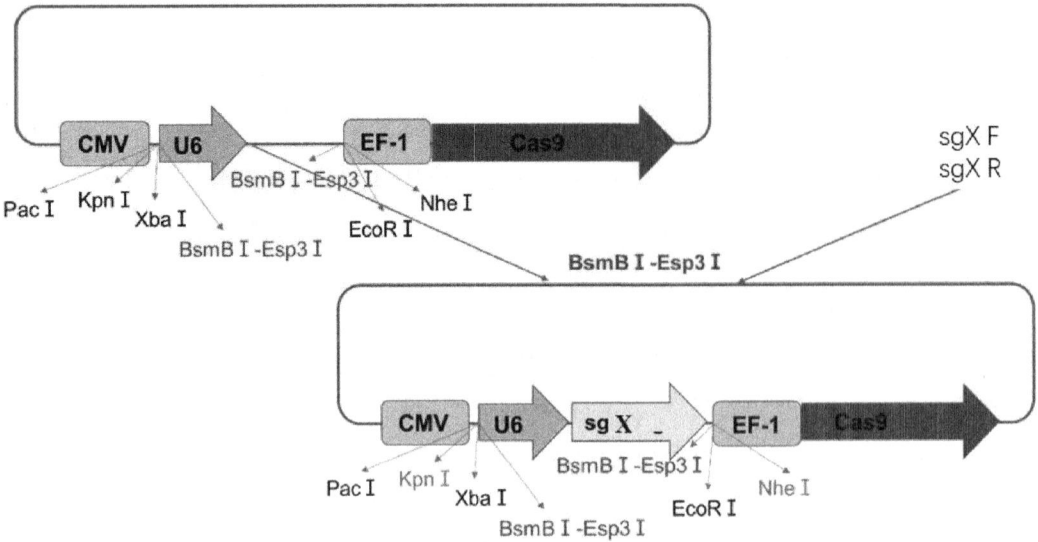

图 28 - 1　sgRNA(含 U6 promoter)载体构建整体思路

① 含 U6 promoter 载体酶切。

Bsm B I 酶切 1 μg 载体(图 28 - 2)。按照表 28 - 1 配制连接反应体系,金属浴或水浴 37 ℃酶切 30 min 后于 1% 琼脂糖凝胶电泳(根据片段大小选择不同浓度的琼脂糖凝胶)检测,回收大片段。

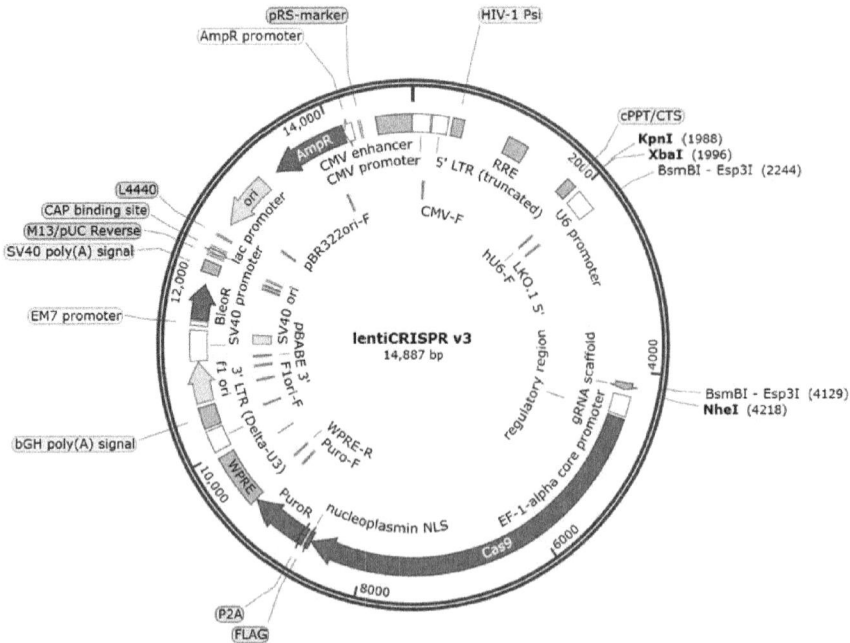

图 28 - 2　含 U6 promoter 载体图谱

表 28 - 1　酶切反应体系

酶切体系组分	体积
U6 promoter 载体	1 μg
FastDigest *Bsm* B I (Esp3 I)	1.5 μL
10 × Green Buffer	2 μL
ddH$_2$O	补充至 20 μL

按照表 28 - 2 配制胶回收体系。

表 28 - 2　大片段胶回收鉴定体系

大片段胶回收鉴定体系组分	体积
回收载体	1 μL
6 × loading buffer	2 μL
ddH$_2$O	补充至 12 μL

② 含 U6 promoter 载体与 sgRNA/Scramble 连接。

按照表 28 - 3 配制胶回收酶连体系。

表 28 - 3　酶连反应体系

酶连体系组分	体积
退火产物	2 μL
U6 promoter 回收载体	1 μL
T4 Ligase	0.5 μL
10 × T4 Ligase buffer	1 μL
ddH$_2$O	补充至 10 μL

轻弹混匀后短甩,金属浴 23 ℃静置 2 h。

连接产物转感受态细胞 DH5α(30 ~ 50 μL),涂平板,挑斑摇菌,小提质粒。

送测序:hU6 - F。

将连接好的产物简称为 U6 - sg 基因名 1;U6 - sg 基因名 2;U6 - sg 基因名 3,并冻菌保留。

(2)测序结果 Blast 方法

打开 Blast 官网(https://blast. ncbi. nlm. nih. gov/Blast. cgi? PROGRAM = blastn&PAGE_TYPE = BlastSearch&LINK_LOC = blasthome)

输入要比对的序列:

① 勾选"Align two or more sequences"。

② 输入 sgRNA 序列。

③ 输入公司测序的序列。

④ 点击"BLAST"。

查看比对结果:

① 打开比对结果。

② SgRNA 的 20 个碱基连续都比对匹配则表示测序比对成功。

（3）U6 – sgX – Cre 载体构建

将 U6 – sgX 片段连接到含 Cre 表达盒的载体（图 28 – 3）。

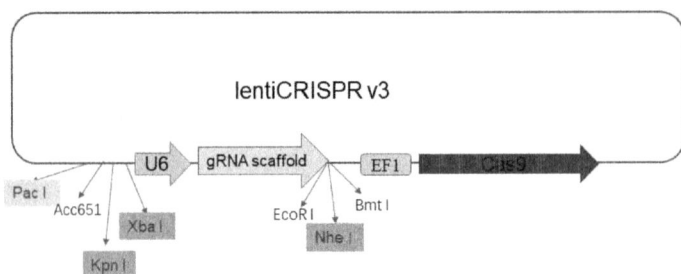

图 28 – 3　U6 – sgX – Cre 载体图谱

① 将 U6 – sgRNA1/2/3/Scramble 表达框酶切。

按表 28 – 4 配制反应体系（重复两管），于 37 ℃金属浴或水浴酶切 15 min。

表 28 – 4　酶切鉴定反应体系

酶切鉴定体系组分	体积
U6 – sgRNA/Scramble	500 ng
Kpn I	0.5 μL
EcoR I	0.5 μL
10 × Green Buffer	2 μL
ddH₂O	补充至 20 μL

酶切后于 1.5% 琼脂糖凝胶电泳检测。应尽量将样品添加于一个点样孔,回收小片段（U6 – sgRNA/ Sramble）。

胶回收片段大小在 300 bp 左右时,应按表 28 – 5 中小片段胶回收鉴定体系进行鉴定。

表 28 – 5　小片段胶回收鉴定体系

小片段胶回收鉴定体系组分	体积
回收小片段	2 μL
10 × 二甲苯腈蓝 FF	1 μL
ddH₂O	补充至 10 μL

② 含 Cre – PuroR 表达框的载体酶切(载体结构如图 28 – 4 所示)。

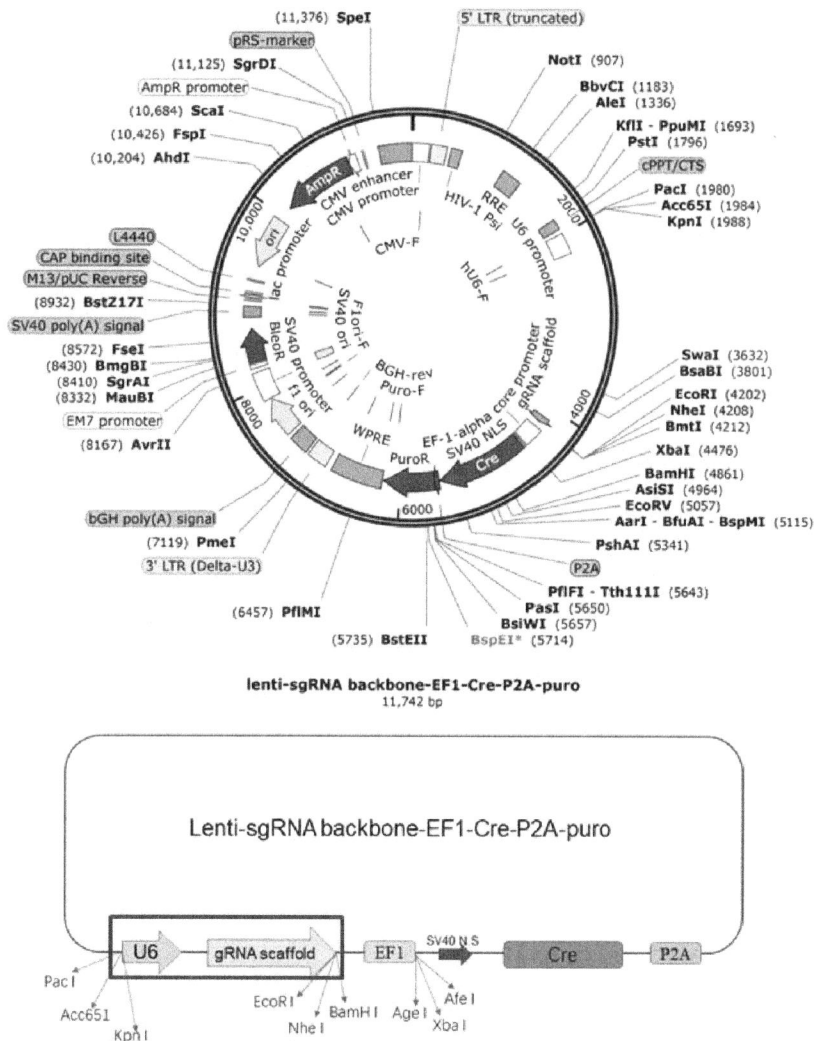

lenti-sgRNA backbone-EF1-Cre-P2A-puro
11,742 bp

图 28 – 4 含 Cre – PuroR 表达框的载体图谱

按表 28 – 6 配制酶切反应体系,37℃金属浴或水浴酶切 30 min 后,经 1 %琼脂糖凝胶电泳检测,回收大片段。

表 28 – 6 酶切反应体系

酶切体系组分	体积
含 Cre – PuroR 表达框的载体	1 μg
Kpn I	1.5 μL
Nhe l	1.5 μL
10 × Green Buffer	2 μL
ddH$_2$O	补充至 20 μL

③ 酶连含 Cre – PuroR 表达框的载体和 U6 – sgRNA/ Scramble 的回收产物。

按表 28 – 7 添加各组分,完成后,盖上管盖,轻弹管壁后短甩,金属浴 23 ℃静置 2 h。连接产物转 DH5α,涂平板,挑斑摇菌,小提质粒。

表 28 – 7　酶连反应体系

酶连体系组分	体积
回收的小片段产物(F)	3.5 μL
回收的大片段产物(V)	1 μL
T4 Ligase	0.5 μL
10 × T4 Ligase buffer	1 μL
ddH$_2$O	补充至 10 μL

④ 酶切鉴定成功连接。

按表 28 – 8 添加各组分,完成后,37 ℃金属浴或水浴酶切 15 min 后,经 1% 琼脂糖凝胶电泳检测,鉴定后送去测序。

表 28 – 8　酶切鉴定反应体系

酶切鉴定体系组分	体积
U6 – sgRNA1/2/3/Scramble	500 ng
Kpn I	0.5 μL
EcoR I	0.5 μL
10 × Green Buffer	2 μL
ddH$_2$O	补充至 20 μL

4. 慢病毒包装及靶向效率鉴定

(1)慢病毒感染

按照实验十三的方法包装慢病毒,同时复苏 LSL – Cas9 MEF 细胞,消化后按照 1.5×10^4/孔 的细胞量种至 24 孔板,细胞长至 70% ~80% 开始感染,Polybrene 的 stock 浓度为 10 mg mL^{-1},使用浓度为 10 μg mL^{-1},按照一定比例混匀至 LSL – Cas9 MEF 基础培养基中,布孔如表 28 – 9。

表 28 – 9　慢病毒感染 LSL – Cas9 MEF 细胞布孔

Con/MEF 0 μL/500 μL	LV – X – Scramble 20 μL/500 μL	
LV – X – sgRNA1 20 μL/500 μL	LV – X – sgRNA2 20 μL/500 μL	LV – X – sgRNA3 20 μL/500 μL

（2）感染率计算及 gDNA 抽提

由于 Polybrene 具有细胞毒性,需在 12 h(或过夜后)进行换液,48~72 h 进行拍照,如果成功感染慢病毒,证明病毒成功工作即 cre-loxp 程序启动。

拍照后进行 puromycin 筛药,0.5 μg mL^{-1}筛药 72 h,采集照片。

（3）PCR

① 根据目标基因设计 PCR 的引物,注意扩增片段大小应在 800~1000 bp,包含的 sgRNA 切割位点尽量不要居中以便后续检测。

② 收集细胞,提取全基因组 DNA,将提取的 DNA 按表 28-10、28-11 PCR 体系和程序进行目的片段扩增。

表 28-10　PCR 体系(50 μL)

目的片段	150 ng
上游引物	10 pM
下游引物	10 pM
PrimStarMaster（Takara 高保真酶）	25 μL
ddH$_2$O	补充至 50 μL

表 28-11　PCR 程序

步骤	温度	时间	循环
预变性	90 ℃	30 s	1
变性	98 ℃	20 s	35
退火	60 ℃	10 s	
延伸	72 ℃	10 s	
延伸	72 ℃	10 s	1
保存	4 ℃	60 min	1

扩增后的 PCR 产物按表 28-12 的体系进行 1% 琼脂糖凝胶电泳鉴定(再做一孔 ddH$_2$O 对照)。

表 28-12　琼脂糖凝胶电泳上样体系(7.2 μL)

PCR 产物	6 μL
6×loading buffer	1.2 μL

电泳后条带位置与目标片段大小一致则目的片段扩增成功,使用通用型 DNA 回收纯化试剂盒进行 PCR 产物回收(注意:不是胶回收),方可进行后续的 PCR 产物退火和 T7EI 酶切鉴定。

5. T7EI 鉴定靶向效率

T7 核酸内切酶 I(T7EI)酶切鉴定:T7EI 是一种比较特殊的 DNA 内切酶,能识别并切割不完全配对的 DNA、十字形结构 DNA、Holliday 结构或交叉 DNA 和异源双链 DNA。T7EI 切割的位点位于错配碱基 5′端的第一、第二或第三个磷酸二酯键。T7EI 能识别长度大于或等于 2 bp 的插入、缺失或突变导致的错配 DNA,不能识 1 bp 的插入、缺失或突变。实验组与阴性对照组均以各组混合克隆的基因组作为 PCR 底物,因同一组内不同细胞中,同一靶位点的突变情况也是不同的,退火后能够形成错配位点被错配酶识别,从而根据切割条带判断 sgRNA 是否有活性。

T7EI 酶识别的是双链错配。

产物退火:

表 28 – 13 产物退火体系

成份	反应体系(19 μL)
DNA	200 ng
10 × NEBuffer 2	2 μL
Nuclease – free Water	补充至 19 μL

T7EI 酶切:

按照表 28 – 14 所示体系,将 T7EI 添加到 PCP 产物中,37 ℃水浴 15 min,然后加 1.5 μL EDTA(0.25 M)终止酶切。

表 28 – 14 T7EI 酶切体系

成份	反应体系(20 μL)
退火的 PCR 产物	19
T7 Endonuclease I	1

加 1.5 μL EDTA(0.25 M)终止酶切。

T7EI 酶切鉴定体系(2 % 琼脂糖凝胶,40 mL 1 × TAE 溶液 + 0.8 g 琼脂粉):

表 28 – 15 T7EI 酶切鉴定电泳体系(25.8 μL)

酶切产物	21.5 μL
6 × loading buffer	4.3 μL

【结果分析】

慢病毒成功感染 LSL – Cas9 MEF 细胞嘌呤霉素筛药前后细胞示意图(图 28 – 5)。通过给予细胞添加嘌呤霉素药物筛选后,可观察到绿色荧光阳性的细胞百分比数量明显增高,同时绿色荧光强度明显增强。

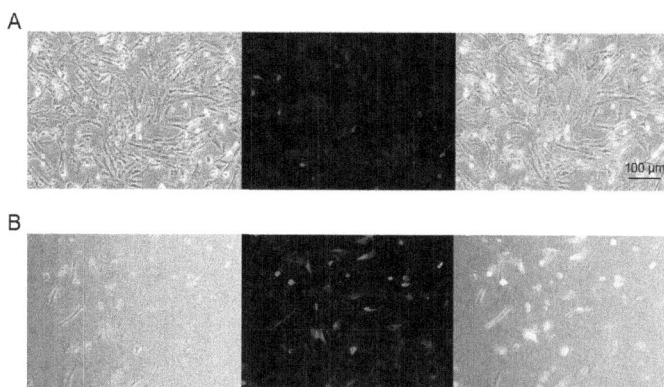

A. 未筛药；B. 筛药 72 h 后。

图 28 – 5　慢病毒成功感染 LSL – Cas9 MEF 细胞

【注意事项】

① 载体回收：反应体系为 20 μL，质粒使用量为 1 μg，内切酶 1.5 μL，10 × Green Buffer 2 μL，补水至 20 μL 反应体系；片段回收：反应体系为 20 μL，质粒使用量为 3 μg，内切酶 1.5 μL，10 × Green Buffer 2 μL，补水至 20 μL 反应体系，每个样品做两个重复（凝胶电泳时加在一个点样孔里（注意胶的厚度，以免样品过多，不能全部点进去））。

② 对酶切后不同载体或片段跑胶回收的时候，不同样品之间至少间隔一个胶孔，以免上样时漂样导致样品间污染。

③ 酶切胶回收时的酶切时间根据酶的种类而定，快切酶用于回收的时间为 30 min，普通内切酶时间为 60 min（使用普通内切酶时应阅读说明书，保证使用的 buffer 和时间正确）。

④ 要保证载体和小片段的胶回收产物量足够，通过胶回收鉴定电泳结果的亮度可以判断，确保载体与 >500 bp 片段使用 1 μL，小片段使用 2 μL，回收产物进行电泳后可检测到后再进行下一步的酶连。

⑤ 操作病毒时，请务必穿着实验服，佩戴口罩和手套。

⑥ 请小心操作，避免产生气雾或飞溅。被病毒污染的生物安全柜，请立即用 70% 乙醇加 1% SDS 溶液擦拭干净。接触病毒的枪头、离心管、培养板、培养液请使用新鲜配制的 1% 次氯酸钠溶液进行消毒操作后丢弃。

⑦ 实验完毕脱掉手套后，请立即用肥皂和水清洗双手。

实验二十九　细胞总 RNA 提取

【引言】

细胞内的核酸包括 DNA 与 RNA 两种,RNA 分子比 DNA 分子要小得多,但种类、大小和结构都较 DNA 多样化,主要分布在细胞质中。RNA 分子已经成为细胞各个方面的调节器,对细胞存活至关重要。

随着分子生物学技术广泛应用于生物学、医学及其相关领域,基于核酸的实验技术,如 qRT - PCR、基因克隆、测序等已成为热门技术。而上述实验的成功与否很大程度上取决于提取的 RNA 质量。RNA 的提取与分离大致分为三个阶段:RNA 的释放,RNA 的分离与纯化,RNA 的浓缩、沉淀与洗涤。基于此,提取 RNA 的各种新方法、经完善后的传统经典方法以及商品试剂方法的不断出现,极大地推动了分子生物学的发展。尽管 RNA 的提取与分离方法越来越多,我们仍旧应该根据生物材料的性质与待分离核酸的性质而选择最优方案。但是不管选用何种方法,我们都应该遵循两个最基本原则:一是保证 RNA 一级结构的完整性;二是尽量排除其他分子的污染,保证 RNA 样本的纯度。

本实验采用 Trizol 抽提法。Trizol 是一种总 RNA 抽提试剂,内含强变性剂异硫氰酸胍等物质,能迅速裂解细胞,使细胞中的 RNA 释放出来,并使核糖体蛋白与 RNA 分子分离,同时可以使细胞中各种 RNA 酶失活,保护释放出的 RNA 不被降解。然后通过氯仿等有机溶剂抽提、离心,可以使细胞中其他组分与 RNA 分离,最终得到纯化的总 RNA。

【目的与要求】

① 掌握细胞 RNA 提取的无菌操作技术。
② 掌握提取细胞总 RNA 的一般方法与步骤。

【实验设备与材料】

① 实验仪器:低温高速离心机,迷你离心机,超净工作台,涡旋混匀器。
② 实验材料:细胞,移液器,离心管。
③ 实验试剂:DEPC 水,Trizol 试剂,变性液,3 mol/L NaAc (pH 4.0),酚氯仿异戊醇混合

液(25:24:1),TE 缓冲液,10 mmol/L Tris – HCl,1 mmol/L EDTA（pH 8.0）,DEPC,氯仿,异丙醇,75%乙醇(用 DEPC 水配制)。

DEPC 水:在去离子水中加入 0.1% DEPC,37 ℃放置 12 ~ 16 h,再高压灭菌 30 min,去除残留的 DEPC。

【实验方法】

① 吸出丢弃培养基中的上清,加 PBS 洗涤细胞 2 次,吸出丢弃 PBS。

② 加入变性液,轻轻振荡使细胞裂解,液体变黏。

③ 将所有液体转移到 RNase – Free 离心管中。

④ 加入所有液体 1/10 体积的 3 mol/L NaAc（pH 4.0）,颠倒混匀。

⑤ 加入等体积酚氯仿异戊醇混合液(25:24:1),颠倒后在涡旋混匀器振荡 10 s 充分混匀,置冰上 15 min。

⑥ 10000 rpm 离心 20 min。弃上清,用 5 mL 变性液重悬 RNA 沉淀。

⑦ 加入等体积的异丙醇,– 20 ℃放置 5 min。

⑧ 10000 rpm 离心 10 min。小心地弃去上清,用 1 mL 的 75%乙醇洗涤沉淀,洗涤 2 次。

⑨ 10000 rpm 离心 10 min。尽可能彻底地弃去上清,置于超净工作台中风干 3 ~ 5 min。

⑩ 得到的沉淀用 30 ~ 50 μL DEPC – TE 溶液溶解,如果沉淀较难溶解,放置到 68 ℃水浴锅中处理 10 min,得到 RNA 溶液。

【结果分析】

提取小鼠单核巨噬细胞 Raw264.7 的 RNA 进行琼脂糖凝胶电泳(图 29 – 1),结果显示主要有 3 条带:28S、18S、5.8S。当所提取的 RNA 完整无降解时,从条带的亮度来看,28S 通常约是 18S 的 2 倍。

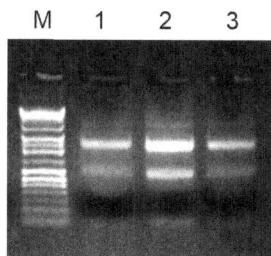

图 29 – 1　Raw264.7 细胞 RNA 琼脂糖凝胶电泳

【注意事项】

① 所有操作均需处于无菌条件,避免污染。

② 实验涉及的所有溶液和试剂,尤其是水,必须确保无 RNA 酶污染。

实验三十 细胞基因组 DNA 提取与鉴定

【引言】

自从 1953 年 Watson 和 Crick 建立了 DNA 双螺旋结构,并在英国《自然》杂志发表了文章"核酸的分子结构——脱氧核糖核酸的一个结构模型"开始,近五十年来随着对于 DNA 的分子遗传学和基因组测序已经彻底改变了关于细胞和有机体遗传的物理基础的想法。DNA 是染色体的主要化学成分,其可组成遗传指令,以引导生物发育与生命机能运作。DNA 主要分布于细胞核中,其分子的总长度在不同生物间差异很大,一般随生物的进化程度加深而增长。DNA 携带遗传信息,在生物的繁衍、发育、维持、衰老和死亡等一切生命活动中扮演着重要的角色。

作为一切分子生物学研究的基础,DNA 的提取永远是开展研究的第一步。随着分子生物学技术广泛应用于生物学、医学及其相关领域,DNA 的提取与分离技术也得到进一步发展。进行 DNA 研究的第一步就是能够将其从众多复杂的生物大分子中提取出来,以便进行相应的科学研究和实际应用。但是不管选用何种方法,我们都应该遵循两个最基本原则:一是保证 DNA 的一级结构的完整性;二是尽量排除其他分子的污染,保证 DNA 样本的纯度。

【目的与要求】

① 掌握细胞核酸提取的无菌操作技术与提取细胞基因组 DNA 的一般方法与步骤。

② 了解细胞基因组 DNA 鉴定的操作方法,并熟悉实验所需的各种试剂的配置方法。

【实验设备与材料】

① 实验仪器:低温高速离心机,迷你离心机,涡旋混匀器,琼脂糖凝胶电泳仪,凝胶成像仪,NanoDrop™ One/OneC 微量 UV – Vis 分光光度计。

② 实验材料:细胞,移液器,离心管。

③ 实验试剂:RNase – Free ddH$_2$O,裂解液,1.5% 的琼脂糖凝胶,DEPC,异丙醇,75% 乙醇(用 DEPC 水配制)。

【实验方法】

① 收集细胞悬液,400 g 常温离心 3 min,弃尽上清,加入裂解液 500 μL,蛋白酶 K 20 μL,振荡至彻底悬浮。

② 混匀后检查裂解是否完全,然后 13000 rpm 离心 15 min。

③ 将上清吸到新的 EP 管中,加入 500 μL 异丙醇,立即温和地上下颠倒混匀(过程中会产生白色絮状沉淀,沉淀越多提取的 DNA 浓度越高),室温下 12000 rpm,离心 10 min 后弃掉上清。

④ 在离心管中加入 700 μL 4 ℃预冷的 75% 乙醇,温和地上下颠倒混匀后,12000 rpm 离心 5 min,弃掉上清,吸掉残余液体,置于超净工作台中风干约 5 min。

⑤ 用 50 μL 的 RNase - Free ddH$_2$O 重悬,涡旋混匀后用迷你离心机离心,55℃水浴锅溶解,溶解过程间隔颠倒混匀,保证 DNA 溶解完全。

⑥ 取 2 μL 的 DNA 溶液使用 NanoDrop^{TM}One/OneC 微量 UV - Vis 分光光度计检测 DNA 的浓度。

⑦ 制备 1.5% 的琼脂糖凝胶,将 25 μL 的样品全部加入孔中,使用琼脂糖凝胶电泳仪进行跑胶,参数为 120 V,30 min。

⑧ 将跑胶结束后的胶体放入凝胶成像仪曝光并拍照。

【结果分析】

图 30 - 1 为从小鼠脚趾提取出的基因组 DNA,琼脂糖凝胶电泳显示 DNA 主条带出现在 4 kb 以上。

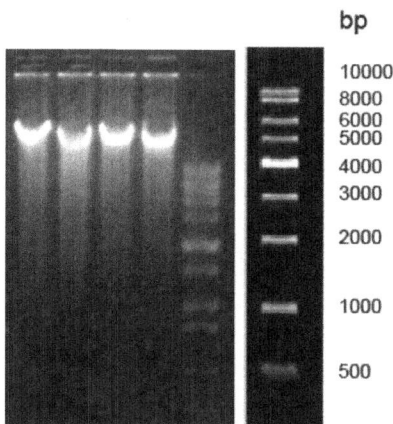

图 30 - 1　小鼠基因组 DNA 电泳图

【注意事项】

① 自收集细胞开始,保持所有操作处于无菌条件,严格进行无菌操作,避免细菌、霉菌等的污染。

② 在收集细胞时,贴壁培养的细胞应先通过消化的方式处理为细胞悬液。

③ 裂解液与蛋白酶 K 可先预混成所需的全部裂解液,再分别加入各个实验管中。

实验三十一　外泌体的分离

【引言】

细胞外囊泡是一类具有磷脂双分子层结构、纳米到微米级大小的膜囊泡的总称,其种类多样,具有不同的理化性质和生化特征。细胞外囊泡几乎能被所有的细胞分泌,并广泛存在于细胞上清液及多种体液中,其能传递内含的多种生物活性成分,如蛋白质、核酸和脂质等。根据大小、生物特性和形成过程的不同,细胞外囊泡主要分为外泌体(30~150 nm)、微囊泡(200~1000 nm)和凋亡小体(500~2000 nm)三大类。

外泌体的分离和纯化是外泌体相关基础研究和临床应用的瓶颈问题之一。其主要原因是外泌体的大小和理化性质与脂蛋白、蛋白质复合体和乳糜颗粒等均有不同程度的重叠。目前针对外泌体的分离与纯化主要包括差速超速离心法、密度梯度超速离心法、免疫分离法、聚合沉淀法、切向流超滤法、尺寸排阻色谱法和微流控芯片分离法。其中差速超速离心法是被最广泛应用的外泌体分离纯化方法,被视为外泌体提取的"金标准"。先低速离心去除细胞及细胞碎片,再通过超速离心使外泌体形成沉淀。

【目的与要求】

了解超速离心沉降法分离和纯化外泌体的技术原理,并掌握该方法与步骤。

【实验设备与材料】

① 实验仪器:生物安全柜,CO_2 培养箱,离心机,超速离心机,−80℃冰箱,电子天平。

② 实验材料:细胞培养上清液,移液器,枪头,镊子,0.22 μm 过滤器,20 mL 注射器,超速离心管(Beckman,型号 344060),50 mL 离心管,封口膜。

③ 实验试剂:75% 酒精,PBS。

【实验方法】

① 提前一晚将超速离心管浸泡在 75% 的酒精中,静置一晚。第二天早上将超速离心管取出并晾干(时间约 0.5 h)待用。

② 细胞在 37℃ 细胞培养箱中稳定增殖约 3 天后,取 50 mL 的离心管,使用 20 mL 的注射器吸取上清,通过 0.22 μm 的滤器过滤至 50 mL 离心管中。

③ 将装有上清的 50 mL 离心管,称重配平,于 4 ℃ 离心机中依次按照以下转速离心:300 g,10 min;2000 g,20 min;8000 g,30 min。

④ 将上清转移至超速离心管中,称重配平(误差小于 0.05 g)。

⑤ 使用 75% 酒精擦拭消毒离心管的套管和管盖,将超速离心管放入对应管套,拧紧管盖,按照相应的顺序放置到 40 Ti 转子中,将转子置于离心机内。

⑥ 设置超速离心程序:4 ℃,110000 g,70 min,并启动离心。

⑦ 离心完成后,释放真空,取出超速离心管,弃上清,留约 200 μL 液体,轻轻吹打重悬混匀,加入 1×PBS 缓冲液,称重配平。

⑧ 再次超速离心:4 ℃,110000 g,70 min。

⑨ 离心完成后,释放真空,取出超速离心管,弃上清,留约 200 μL 液体,轻轻吹重悬混匀后储存于 -80 ℃ 超低温冰箱或用于后续实验。

【注意事项】

① 将超速离心管放置到套管中时,注意套管及套管盖需匹配并拧好,以免样本损伤和污染。

② 将套管挂在 40 Ti 转子上时,注意套管编号应与转子位置编号相对应,以免离心时出现机器报错情况。

③ 每次超速离心后,弃上清时管底一定要留部分液体,避免损失外泌体,并方便下一步操作。

实验三十二　外泌体的表征与鉴定

【引言】

外泌体分离纯化之后，需要进行表征鉴定，判断分离效果（例如是否有污染物残留等），以便用于后续实验。对外泌体进行表征鉴定通常关注大小、形态，表面标志物这三个方面。具体到分析方法，针对外泌体粒径大小，可通过动态光散射、纳米颗粒跟踪分析等方法进行鉴定；针对外泌体形态，则可使用扫描电子显微镜、透射电子显微镜进行观察；针对表面标志物，可通过蛋白质免疫印迹、酶联免疫吸附测定、流式细胞术等方法鉴定。

【目的与要求】

了解外泌体的表征技术和外泌体的基本性质。

一、透射电子显微镜

【实验设备与材料】

① 实验仪器：透射电子显微镜。

② 实验材料：外泌体样本，碳支持膜，0.5 或 1.5 mL EP 管，移液器吸头，移液器，涡旋振荡器，掌上离心机，超净工作台，自锁镊子。

③ 实验试剂：2% 醋酸双氧铀溶液，超纯水。

【实验方法】

① 将外泌体样本从 –80 ℃ 冰箱取出后置于冰盒中溶解，随后利用涡旋振荡器振荡混匀，再使用掌上离心机离心。

② 根据样本情况，将样本调整至合适浓度或粘度。

③ 使用移液器吸取 15 μL 左右的外泌体样本于铜网上静置 1 min。使用镊子夹取铜网时应小心，以免力度过大破坏铜网。

④ 使用滤纸将铜网上的外泌体样本吸干，然后使用移液器吸取 15 μL 左右的 2.5% 戊

二醛固定液室温固定 5 min。若铜网可见较明显吸附物,可使用超纯水滴加在吸附物表面,随后快速吸去,重复操作,反复清洗 3 次。

⑤ 使用滤纸将铜网上的外泌体样本吸干,然后使用移液器吸取 15 μL 左右的 2% 醋酸双氧铀染色液室温染色 1 min。

⑥ 使用滤纸将铜网上的外泌体样本吸干,将染色完成的样本风干。

⑦ 将制作好的样本置于透射电子显微镜并观察拍照,保存图片。

【注意事项】

① 夹取碳支持膜时不能破坏碳膜,以免影响制样及后续观察。

② 样本浓度或黏度不宜过高,以免影响制样及后续观察。

③ 注意防护,染料可能对人体具有潜在的危害性。

二、蛋白质免疫印迹

【实验设备与材料】

① 实验仪器:电泳仪,掌上离心机,电泳槽。

② 实验材料:外泌体样本,移液器,移液器吸头,玻璃板,离心管,PVDF 膜,剪刀,玻璃棒。

③ 实验试剂:超纯水,30% 丙烯酰胺,SDS,Tris – HCl 缓冲液(pH6.8 和 8.8),TEMED,甘氨酸,Tris,甲醇,脱脂奶粉。

【实验方法】

1. 清洗玻璃板

一只手扣紧玻璃板,另一只手蘸洗衣粉轻轻擦洗,两面都擦洗过后用自来水冲洗,再用蒸馏水冲洗干净,晾干后将玻璃板对齐后放入夹中卡紧,然后垂直卡在架子上准备灌胶。

2. 灌胶与上样

① 配制 10% 分离胶,加入 TEMED 后立即摇匀即可灌胶;灌胶时,可用 1 mL 移液器吸取 4.5 mL 左右分离胶沿玻璃放出,加到胶面升到绿带中间线高度时即可。然后向胶上加一层无水乙醇,液封后的胶凝得更快。当无水乙醇和胶之间有一条折射线时,说明分离胶已制备完成。等胶充分凝固倒去胶上层的无水乙醇并用 1 mL 的移液器将残留的无水乙醇吸干。

② 配制 5% 浓缩胶,加入 TEMED 后立即摇匀即可灌胶;将剩余空间灌满浓缩胶然后将梳子插入浓缩胶中。

③ 将玻璃板放入电泳槽中(小玻璃板面向内,大玻璃板面向外;若只使用一块胶,电泳槽另一边需要垫一块塑料板并按指示放置),两手分别捏住梳子的两边并竖直向上轻轻将其拔出。

④ 上样前按比例向样品中加入蛋白上样缓冲液(通常为 5×),然后将样品放入 95 ℃ 金属浴中加热 5 min 使蛋白变性。加入足够量 1×电泳缓冲液后开始准备上样。用微量进样器贴壁吸取样品,将加样器针头插至加样孔中缓慢加入样品。

3. 电泳

调节电压为 80 V 进行电泳,当样品被压成一条线时即切换电压 120 V,电泳至溴酚蓝刚跑出板底即可终止电泳。

4. 转膜

① 转膜时需准备 6 张 7.0 ~ 8.3 cm 的滤纸和 1 张大小适中的 PVDF 膜,将剪好的滤纸放入转移缓冲液中浸泡,剪好的膜放入甲醇中浸泡 3 min。

② 在加有转移缓冲液的搪瓷盘中放入转膜用的夹子、两块海绵垫以及一支玻棒。

③ 将夹子打开,使黑色的一面保持水平。在上面垫一张海绵垫,用玻棒来回擀压以擀走里面的气泡(一手擀另一手要压住垫子使其不能随便移动);在垫子上垫三层滤纸(可三张滤纸先叠在一起再垫于垫子上),一手固定滤纸一手用玻棒擀去其中的气泡。

④ 将玻璃板轻轻撬开,除去小玻璃板后,将浓缩胶轻轻刮去(浓缩胶影响操作),要避免把分离胶刮破;小心剥下分离胶盖于滤纸上,尽量调整使其与滤纸对齐,轻轻用玻棒擀去气泡;将浸泡在甲醇中的膜盖于胶上,要盖满整个胶(膜盖下后不可再移动)并除气泡;在膜上盖 3 张滤纸并除去气泡;最后盖上另一块海绵垫,擀去气泡后合起夹子;整个操作在转移液中进行,要不断地擀去气泡。

⑤ 将夹子放入转移槽中,要使夹的黑面对槽的黑面,夹的白面对槽的红面;电转移时会产热,此时可将电泳槽置于装有冰的盆中,并在槽的每一边放一个冰盒来降温,并启动转膜程序:120 V,1 h。

5. 免疫反应

① 将转移后的膜放入提前配制好的封闭液中,并在摇床上封闭 1 ~ 3 h。

② 一抗孵育:将膜放入封闭液稀释的抗体中并在 4 ℃ 孵育过夜(Anti - Alix,1:1000;Anti - CD63,1:1000;Anti - Syntenin,1:1000)。

③ 洗膜:用 TBST 在摇床上清洗膜 3 次,每次 15 min;再用 TBS 洗一次,10 min。

④ 二抗孵育:同样用封闭液稀释二抗(1:5000)并与膜在室温下孵育 1 ~ 2 h。

⑤ 洗膜:用 TBST 在摇床上清洗膜 2 次,每次 10 min;再用 TBS 洗一次,10 min。

⑥ 显影及成像:将显影液的 A 液和 B 液按照 1:1 比例配制,取适量溶液滴于膜上,在化学发光分析系统下观察。

【结果分析】

图 32 - 1 为通过超速离心法提取的外泌体,经染色后典型的透射电子显微镜图像。

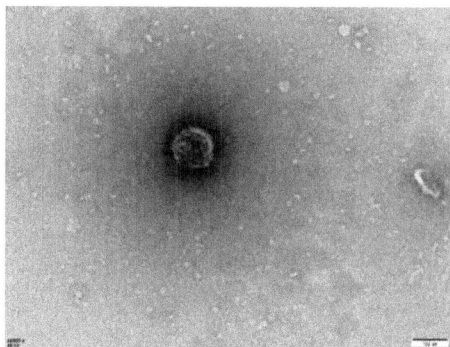

图 32 - 1 透射电子显微镜下观察到的外泌体形态图（比例尺：100 nm）

通过蛋白质免疫印迹法检测细胞和外泌体中标志性蛋白 Alix、CD63 和 Syntenin 蛋白的表达，结果显示 Alix、CD63 和 Syntenin 蛋白仅在外泌体中表达（图 32 - 2）。

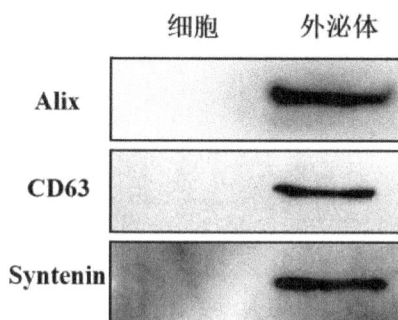

图 32 - 2 外泌体的蛋白质免疫印迹法表征图

【注意事项】

① 将玻璃板放入夹子中夹紧时，要使两块玻璃对齐，以免漏胶。

② 灌分离胶开始时可快一些，但胶一定要沿玻璃板流下，这样胶中才不会有气泡，待胶面快到所需高度时要放慢速度；在加无水乙醇液封时要很慢，否则胶会被冲变形；灌浓缩胶时也要使胶沿玻璃板流下以免胶中有气泡产生，插梳子时要使梳子保持在水平状态。

③ 上样时电泳缓冲液至少要漫过内侧的小玻璃板；吸样时注意尽量不要吸进气泡，加样要慢，太快可使样品冲出加样孔，若有气泡也可能使样品溢出。

④ 剪滤纸和膜时一定要戴干净的手套，避免手上的蛋白会污染膜。

⑤ 电泳及转膜后及时将槽内液体倒掉，并用清水进行清洗，防止盐离子沉淀腐蚀金属丝。

⑥ 在配制抗体稀释液时，将抗体置于冰盒上，防止抗体降解。

实验三十三　酵母双杂交

【引言】

对于一个新发现基因的功能研究,通常需要通过蛋白互作研究来发现其相互作用的蛋白,进而揭示在细胞中的功能、阐明其参与的信号通路、发现其配体/受体等。常用的蛋白互作实验方法包括酵母双杂交、免疫共沉淀、GST pull-down 技术等。本实验将介绍酵母双杂交的实验流程。

酵母双杂交系统(yeast two-hybrid system)是一种直接于酵母细胞内检测蛋白质-蛋白质相互作用而且灵敏度很高的分子生物学方法。酵母转录因子 GAL4 蛋白包含两个结构上可以分开、功能上相互独立的结构域,即 DNA 结合结构域(DNA-Binding domain, DNA-BD)以及转录激活结构域(transcriptional activation domain, TAD)。根据这一特性,构建重组质粒 X-BD 和 Y-TAD,当 X 和 Y 蛋白能够互作时,X-BD 和 Y-TAD 结合在一起形成了新的具有转录激活作用的复合物,从而激活报告基因的表达。

【目的与要求】

① 了解蛋白互作研究常用的技术方法和原理。

② 掌握酵母双杂交技术操作流程。

【实验设备与材料】

① 实验仪器:恒温培养箱,水浴锅,涡旋振荡器,正置显微镜,高压灭菌锅。

② 实验材料:250 mL 锥形瓶,2L 锥形瓶,100 mm 培养皿,150 mm 培养皿,1.5 mL 离心管,50 mL 离心管,不同规格枪头,96 孔板,镊子,载玻片,盖玻片。

③ 实验试剂:YPAD 培养液,YPAD 固体培养基,酵母氮源,酵母粉,细菌蛋白胨,腺嘌呤硫酸盐,Agar,异亮氨酸,缬氨酸,精氨酸硫酸盐,赖氨酸,甲硫氨酸,苯丙氨酸,尿嘧啶,谷氨酸,丝氨酸,酪氨酸,苏氨酸,天冬氨酸,亮氨酸,色氨酸,组氨酸盐酸盐,Y2HGold 的原始酵母

菌株,鲑鱼精 DNA,PEG3500,liAc,葡萄糖,甘油,kanamycin,酵母文库,X-α-gal,溶壁酶,SDS,酵母小提试剂盒。

【实验方法】

1. 酵母单转化

① 从 -80 ℃的冰箱中取出 Y2HGold 的原始酵母菌株(也可选择 AH109 菌株),在固体 YPAD 平板上划线,放置在 30 ℃的培养箱中,培养 2～3 天。

② 2～3 天后,将 4 mL 50%的葡萄糖加入 100 mL 的 YPAD 培养液中,摇匀后吸取1 mL 的培养液到 1.5 mL 离心管备用,吸取 3 mL 培养液到试管中,剩余 YPAD 放置于 4 ℃备用。

③ 取出划线平板,用黄枪头挑选一个直径不小于 2 mm 的酵母菌落,将其放入含有 YPAD 培养液的 1.5 mL 离心管中,在涡旋仪上振荡 1 min,直到将酵母菌落打散。

④ 将 1.5 mL 离心管中的菌液倒入装有 3 mL YPAD 培养液的试管中,封好口后,放置于 30 ℃摇床 200～230 rpm 摇过夜。

⑤ 次日,将过夜培养的酵母菌液按照 1:100 的比例接种到装有 50 mL YPAD 培养液(含葡萄糖)的 250 mL 锥形瓶中,继续在 30 ℃摇床培养,直至 OD 值达到 0.6。

⑥ 用 50 mL 离心管收集菌液,700 g 离心 5 min,弃上清,用 20 mL ddH$_2$O 漂洗菌体一次。

⑦ 用 20 mL 1×TE/LiAc 漂洗菌体一次。

⑧ 用 5～6 mL 1×TE/LiAc 重悬菌体,分装到 1.5 mL 离心管,每管 50 μL。

⑨ 将表 33-1 中试剂混匀后加入分装有菌液的 1.5 mL 离心管中（这里转入的质粒 DNA 是含有诱饵基因的质粒 pGBKT7-X）。

表 33-1　酵母转化溶液配方

50%(W/V)PEG3500	400 μL
1M TE-liAc(10×)	50 μL
10 mg mL^{-1}鲑鱼精 DNA	5 μL
质粒 DNA(pGBKT7-X)	100 ng
ddH$_2$O	补充至 500 μL

⑩ 将上述试剂加入菌液后,在涡旋仪上振荡 1 min,使其充分混匀。

⑪ 30 ℃水浴 30 min,每隔 15 min,将离心管轻轻地上下颠倒几次。

⑫ 30 min 后每管加入 15 μL 的 DMSO,轻轻颠倒混匀,在 42 ℃热击 20 min,每 10 min 颠倒混匀一次。

⑬ 热击结束后放置于冰上孵育 5 min,然后离心弃上清,用 ddH$_2$O 漂洗菌体一次。

⑭ 重悬菌体后涂布在 SD-Trp 单缺培养基上。放置在 30℃的培养箱中,培养 2～3 天。

⑮ 从平板上挑选大的菌落(2～3 mm)接种到 50 mL SD-Trp 单缺液体培养基中,30 ℃

200 rpm 摇菌,使 OD 达到 0.8(一般需要 16~20 h)。

⑯ 700 g 离心弃上清,用 5 mL SD - Trp 培养基重悬菌体。

2. 酵母杂交

① 将上述 5 mL 酵母悬液加入 2 L 的锥形瓶中,连续用 2 mL SD/ - Trp 培养液冲洗离心管两次,将漂洗后的液体加入 2 L 锥形瓶。

② 向 45 mL 2 × YPAD 的培养液中加入 50 μL 50 μg mL^{-1} Kanamycin,向 10 mL 2 × YPAD 的培养液加入 10 μL 50 μg mL^{-1} Kanamycin 用于冲洗。

③ 将酵母文库从 - 80 ℃冰箱取出待其融化,吸取 10 μL 进行梯度实验,其余的酵母文库都加到上述 2 L 的锥形瓶中。用 YPAD 培养液(含 50 μg mL^{-1} Kanamycin)冲洗装酵母文库的管子两次,漂洗后的液体也加入 2 L 锥形瓶中。

文库梯度实验:

a:将 10 μL 菌液加到 990 μL ddH$_2$O,振荡 1 min;

b:从 a 吸取 100 μL 液体到 900 μL ddH$_2$O,振荡 1 min;

c:从 b 吸取 100 μL 液体到 900 μL ddH$_2$O,振荡 1 min,吸取 100 μL 液体涂在 SD/ - Leu 平板;(浓度:1 × 10^{-5} mL);

d:从 c 吸取 100 μL 液体到 900 μL ddH$_2$O,振荡 1 min,吸取 100 μL 液体涂在 SD/ - Leu 平板;(浓度:1 × 10^{-6} mL);

将 2 块 SD/ - Leu 平板放置在 30 ℃的培养箱中,培养 2~3 天。

④ 将 45 mL YPAD 培养液(含 50 μg mL^{-1} Kanamycin)倒入上述 2 L 锥形瓶,封口后,放置在 30 ℃,30~50 rpm 的摇床,过夜(20~24 h)。

⑤ 20 h 后,从 2 L 锥形瓶中取 10 μL 的菌液,放在显微镜(40 ×)下检测,观察是否大规模地出现了像"米老鼠的脸"这样的两个酵母粘在一起的现象,如果出现可以进行下一步,如果没有,则继续在摇床上培育 4 h。(一般为了防止菌液的浪费,只有第一次杂交时,进行镜检,如果第一次筛库成功,第二次至最后一次筛库,可以不需要镜检)

⑥ 用 50 mL 离心管收集菌液,编为 1 号离心管;然后用 50 mL 0.5 × YPAD 培养液(含 50 μg mL^{-1} Kanamycin)冲洗 2 L 的锥形瓶,收集冲洗的菌液,编为 2 号离心管;再重复冲洗一次,收集冲洗的菌液,编为 3 号离心管。

⑦ 将 3 管菌液,1000 g 离心 3 min,弃上清。

⑧ 用 0.8 mL 0.5 × YPAD 的培养液(含 50 μg mL^{-1} Kanamycin)重悬 3 号管,加入 1 号管,然后再用 0.8 mL 0.5 × YPAD 的培养液(含 50 μg mL^{-1} Kanamycin)连续冲洗 3 号管 2 次,加入 1 号管。

⑨ 用 0.8 mL 0.5 × YPAD 的培养液(含 50 μg mL^{-1} Kanamycin)重悬 2 号管,加入 1 号管,然后再用 0.8 mL 0.5 × YPAD 的培养液(含 50 μg mL^{-1} Kanamycin)连续冲洗 2 号管 2 次,加入 1 号管。

⑩ 再将 1 号管的菌液悬浮起来,将 5 mL 0.5 × YPAD 的培养液加到 1 号离心管中,混匀,吸取 10 μL 进行梯度实验。将剩下的菌液涂到 50 块 SD/ − Trp − Leu − His − Ade 培养皿 (150 mm)(每次涂布前,吸取的菌液要混匀,涂布的过程尽量快速,因为菌液干得比较快)。

杂交梯度实验:

a:将 10 μL 菌液加到 990 μL ddH$_2$O,充分混匀,吸取 100 μL 液体涂在 SD/ − Trp − Leu 培养皿;(浓度:1 × 10^{-4} mL)。

b:从 a 吸取 100 μL 液体到 900 μL ddH$_2$O,充分混匀后,吸取 100 μL 液体涂在 SD/ − Trp − Leu 培养皿;(浓度:1 × 10^{-5} mL)。

将 2 块 SD/ − Trp − Leu 培养皿放置在 30 ℃ 的培养箱中,培养 2~3 天。

⑪ 将 50 块 SD 培养皿放置在 30 ℃ 的培养箱中,培养 5~15 天。

⑫ 杂交效率计算。

公式:

效率 = 1 mL 杂交菌液中菌的数目/1 mL 文库中菌的数目 × 100%。

假设:

在文库梯度实验中,在浓度为 1 × 10^{-5} mL 的培养皿上有 200 个菌落;在浓度为 1 × 10^{-6} mL 的培养皿上有 34 个菌落;取 200 为有效数字,则 1 mL 文库中菌的数目为:2 × 10^{7} 个。

在杂交梯度实验中,在浓度为 1 × 10^{-4} mL 的培养皿上有 100 个菌落;在浓度为 1 × 10^{-5} mL 的培养皿上有 15 个菌落;取 100 为有效数字,则 1 mL 杂交菌液中菌的数目为:1 × 10^{6} 个。则杂交效率为 1 × 10^{6} 个/2 × 10^{7} 个 × 100% = 5%(酵母筛库成功的检验方法:在文库酵母数目大于 2 × 10^{7} 个的前提下,杂交效率大于 2%,即本次筛库过程中,发生了共转的酵母超过 4 × 10^{5} 个)。

3. 筛到酵母的检测

① 将四缺培养皿上筛选得到的阳性克隆,划在另一块新的 SD/ − Trp − Leu/培养皿 (90 mm)上,进行扩大培养。

② 吸取 1 mL ddH$_2$O 加入 1.5 mL 离心管。

③ 从扩大培养的培养皿上,用黄枪头挑选酵母菌落,将其放入含有 ddH$_2$O 的 1.5 mL 离心管中,在涡旋仪上振荡 1 min,直到将酵母菌落打散。

④ 测定对应的 OD 值,根据下面的实验需要将菌液稀释到对应的 OD 值(检测酵母阴阳性的时候,一般采用点菌的方法,一般是吸取 5 μL 的菌液点在培养皿上,因为酵母的浓度,会对结果的判断产生影响,尤其是 X − α − gal 的显色实验)。

a. 四缺培养皿梯度实验。

一般将浓度稀释成 OD 值:0.2, 0.02, 0.002, 0.0002 进行点菌,放置在 30 ℃ 的培养箱中,培养 3~5 天。

b. SD/ − Trp − Leu/ X − α − gal 培养皿实验。

一般将浓度稀释成 OD 值:0.2 和 0.5 进行点菌,放置在 30 ℃ 的培养箱中,培养 1～3 天(由于 X－α－gal 需要避光,操作时尽量快速,培养皿可以用锡箔纸包着,再放到培养箱,阳性和阴性对照是必需的)。

⑤ 将正确的酵母菌用 60% 的甘油 1:1 混匀后 －80 ℃ 存放。

4. 酵母质粒的提取

① 吸取 1 mL SD/－Trp－Leu 的培养液加入 1.5 mL 离心管。

② 用白枪头挑取一个直径不小于 2 mm 的酵母菌落,将其放入含有 SD/－Trp－leu 溶液的 1.5 mL 离心管中,在涡旋仪上振荡 1 min,直到将酵母菌落打散。

③ 将离心管中的菌液转移到装有 10 mL SD/－Trp－leu 的培养液的锥形瓶中(50 mL 锥形瓶),放置在 30 ℃,200～250 rpm 的摇床过夜(16～24 h)。

④ 从过夜的培养液中吸取 0.5 mL 到冻存管中,加入 60% 的甘油混匀,－80 ℃ 存放。

⑤ 从过夜的培养液中吸取 2.8 mL 到两个 1.5 mL 离心管中,用离心机最大转速离心 1 min,弃上清,重复一次。

⑥ 向两个 1.5 mL 离心管中菌体分别加入 350 μL 的双蒸水,在涡旋仪上振荡 1 min,直到将酵母菌落打散,将两管合为一管。

⑦ 用离心机最大转速离心 1 min,弃上清,使剩余的液体大约 50 μL。

⑧ 加入 10 μL 的 5 U μL^{-1} 溶壁酶,在涡旋仪上振荡 1 min,放在 37 ℃ 摇床,200～250 rpm 摇 1 h(酵母细胞壁的厚度约为 0.1～0.3 μm,其主要组成部分为 D－葡聚糖和 D－甘露聚糖,所以破壁特别重要)。

⑨ 加入 10 μL 的 20% SDS,在涡旋仪上振荡 1 min,置于 －20 ℃ 至少 20 min。

⑩ 在涡旋仪上振荡 1 min,按照酵母小提试剂盒的步骤,加 Buffer E1 直到总体积为 250 μL。

⑪ 加入 250 μL Buffer E2,静置 10 min。

⑫ 接下来的步骤全部按照小提试剂盒来操作。

⑬ 将 10 μL 的质粒转染 DH5α 的感受态细胞中,再从 DH5α 提取质粒,测序鉴定。

【结果分析】

转化不产生酵母克隆?

由于转化效率依赖于酵母的健康状态,因此要使用新鲜生长的酵母株,在各步骤都要用力混匀,确保所有的感受态细胞在室温下进行操作。由于待转化质粒 DNA 的数量和质量也很重要,在进行转化前检测质粒的质量和浓度,必要时可通过乙醇沉淀 DNA 去除污染物。

【注意事项】

① 将酵母划线于培养皿时,动作应轻柔。如若固体培养基表面划破,该处酵母将无法

生长。划线可以使用微量移液器 tip 头,也可以使用接种环。初期操作动作不熟练时,可以将 tip 头在酒精灯上加热,使头部圆滑后使用,一般可以避免划伤固体培养基。

② 酵母菌落有较多黏稠的液体,会使酵母菌聚集在一起,使其生长变得缓慢,因此从固体培养基上挑取菌落或酵母菌沉淀重悬时,用 1.5 mL 离心管充分振荡使酵母菌充分分散非常重要。

③ 接种至液体培养基应接种足量菌体,使 OD600 达到 0.2。过低浓度的菌体无法生长。克隆较小时,可以挑取多个克隆接种到同一培养管中,或者以较少的液体培养基先行培养一段时间以富集酵母,后逐渐增加培养基体积。

④ 酵母培养不能使用尖底容器。酵母比重较大,在振荡培养过程中,易于沉积于培养容器底部,因而尖底管不适合用于酵母培养,如 1.5 mL EP 管,15 mL 离心管等。尽量使用 2 mL 圆底 EP 管、锥形瓶等。

⑤ 避免细菌污染,尤其在以 YPDA 培养时,酵母培养物易于受细菌污染。可以通过培养物气味、生长速度和培养物沉降系数简易鉴别。细菌污染时,培养物带有臭味,而酵母培养物略有酒香味。细菌生长速度远较酵母快,一旦发现 OD600 增长过快,应考虑细菌污染。在 700 g 条件下离心 5 min,酵母可以完全沉积于试管底部,液相清亮,若液相仍混浊,发生细菌污染的可能性大。

⑥ 避免霉菌污染。制备新鲜平板要晾干后保存。所有平板(新鲜的、在培养箱中培养的以及在冰箱中保种的)均应以 parafilm 密封。

⑦ 酵母转化时,使用的溶液应预先平衡到室温。

【参考文献】

[1] BARTEL P L, FIELDS S, EDITORS. The yeast two – hybrid system [J]. Oxford University Press, USA; 1997.

[2] CAUSIER B, DAVIES B. Analysing protein – protein interactions with the yeast two – hybrid system [J]. Plant molecular biology, 2002, 50;855 – 70.

[3] MILLER J, STAGLJAR I. Using the yeast two – hybrid system to identify interacting proteins [J]. Protein – protein interactions: Methods and Applications, 2004;247 – 62.

[4] GIETZ R D, ROBBINS A, GRAHAM K C, et al. Identification of proteins that interact with a protein of interest: applications of the yeast two – hybrid system [J]. Novel Methods in Molecular and Cellular Biochemistry of Muscle, 1997;67 – 79.

实验三十四 免疫共沉淀

【引言】

尽管酵母双杂交技术为研究蛋白质的项目作用提供了重要的手段,但是该方法也存在很多缺陷。由于酵母本身是异源系统,无法准确重建蛋白真实互作环境,其结果准确性不是很高,存在很多假阳性。免疫共沉淀和 pull - down 技术补充了这一不足。免疫共沉淀(Co - Immunoprecipitation,Co - IP)技术是利用抗原抗体之间的特异性来检测蛋白质之间的生理性相互作用的一种方式。当细胞裂解时,细胞内的蛋白相互作用被保存下来,在其中加入相应的抗体,使抗体与细胞中的特异蛋白质结合,再加入蛋白 A/G 将抗体蛋白质复合物分离。然后通过 Western blot 的方法验证目标蛋白是否存在于复合物中,也可以用质谱来鉴定复合物中的未知蛋白。

【目的与要求】

① 了解免疫共沉淀的实验原理。
② 掌握免疫共沉淀的实验方法和步骤。

【实验设备与材料】

① 实验仪器:水平摇床,台式离心机,迷你离心机,酶标仪,层析柜,金属浴,垂直电泳槽,转膜仪,化学发光检测仪。
② 实验材料:U87 细胞,细胞培养皿,15 mL 离心管,1.5 mL 离心管。
③ 实验试剂:RIPA 裂解液,蛋白酶/磷酸酶抑制剂,PBS,Protein A 琼脂糖珠,2×上样缓冲液,考马斯亮蓝,PAGE 胶。

【实验方法】

以研究肿瘤细胞 U87 中蛋白 X 与蛋白 Y 的相互作用,或发掘与蛋白 X 相互作用的未知蛋白为例,实验流程如下:

① 将携带蛋白 X 编码基因的质粒转染到 U87 细胞,转染 24 ~ 48 h 后,可收获细胞,进行免疫共沉淀。

② 胰酶消化细胞,转移至 15 mL 离心管。

③ 用预冷的 PBS 洗涤细胞两次,最后一次吸干 PBS。

④ 加入预冷的 RIPA 裂解液(每 10^7 细胞加入 1 mL 裂解液,RIPA 中要加入蛋白酶抑制剂、磷酸酶抑制剂,冰上孵育 30 min,每 5 min 颠倒混匀一次)。

⑤ 4 ℃,14000 g 离心 15 min,立即将上清转移到一个新的离心管中备用(预留 50 μL 上清做 Input 对照,以确定上清中存在所要研究的诱饵蛋白和猎物蛋白)。

⑥ 准备 Protein A 琼脂糖珠,用 PBS 洗两遍,然后用 PBS 配制成 50% 浓度悬液,建议剪掉枪尖部分,避免在吸取时破坏琼脂糖珠。

⑦ 每 1 mL 总蛋白中加入 100 μL Protein A 琼脂糖珠(50%),置水平摇床上 4 ℃摇晃 10 min,以去除非特异性杂蛋白,降低背景。

⑧ 4 ℃,14000 g 离心 5 s,将上清转移到一个新的离心管中,去除 Protein A 琼脂糖珠。

⑨ (Bradford 法)做蛋白标准曲线,测定蛋白浓度。测前将总蛋白至少稀释 10 倍以上,以减少细胞裂解液中去垢剂的影响。如果暂时不用可分装冻存于 – 20 ℃。

⑩ 用 PBS 将总蛋白稀释到约 1 μg μL^{-1},以降低裂解液中去垢剂的浓度,如果诱饵蛋白在细胞中含量较低,则总蛋白浓度应该稍高(如 10 μg μL^{-1})。

⑪ 加入一定体积的诱饵蛋白抗体到 500 μL 总蛋白中,抗体的稀释比例因诱饵蛋白在不同细胞系中的多少而异(通常总蛋白 500 ~ 1000 μg 之间用 2 ~ 10 μg 抗体)。同时要设置对照组以排除抗体对猎物蛋白 Y 的非特异结合,对照组中不转染诱饵蛋白 X,其他步骤与实验组相同。

⑫ 4 ℃缓慢摇动抗原抗体混合物 1 ~ 12 h(具体时间可根据预实验确定)。

⑬ 加入 100 μL Protein A 琼脂糖珠来捕捉抗原抗体复合物,4 ℃缓慢摇动 1 h。

⑭ 14000 rpm 离心 5 s,收集琼脂糖珠 – 抗原抗体复合物,去上清,用 800 μL 预冷的 RIPA 裂解液洗 3 遍,RIPA 裂解液有时候会破坏琼脂糖珠 – 抗原抗体复合物内部的结合,可以使用 PBS。

⑮ 用 60 μL 2 × 上样缓冲液将琼脂糖珠 – 抗原抗体复合物悬起,轻轻混匀,缓冲液的量依据上样多少的需要而定。

⑯ 将上样缓冲液和琼脂糖珠混合物煮 5 min,以分离抗原、抗体、珠子,14000 g 离心 5 s,收集上清用于电泳,上清也可以暂时冻 – 20 ℃,留待以后电泳。

⑰ 通过 Western blot 检测总蛋白上清和共沉淀后的上清中诱饵蛋白 X 和猎物蛋白 Y 的表达,从而验证蛋白 X 与蛋白 Y 的相互作用;此外如果是研究蛋白 X 与未知新蛋白的互作,可以通过 SDS – PAGE 将蛋白分离后,将泳道中猎物蛋白切胶收集后,进行蛋白质谱分析,从而鉴定出与蛋白 X 互作的新蛋白(图 34 – 1)。

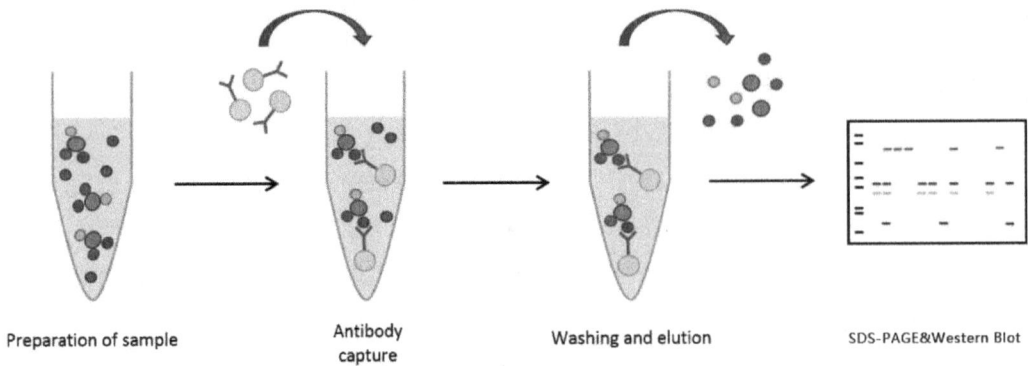

图 34 - 1   免疫共沉淀原理示意图

【结果分析】

如图 34 - 2 所示,Co - IP 结果中 Input 用于验证诱饵蛋白和猎物蛋白是否在细胞中正常表达,如果 Input 异常,则首先需要调整转染条件,优化诱饵蛋白和猎物蛋白的表达。在 Input 正常的情况下,如果 Co - IP 结果不理想,如本底过高或条带不特异,则可能所用抗体特异性不够或 Protein A 存在非特异性结合等原因,可以通过更换抗体,提前用 Protein A 和细胞裂解物共孵育去除本底结合,增加洗涤次数和强度,降低抗体用量等方式优化条件。

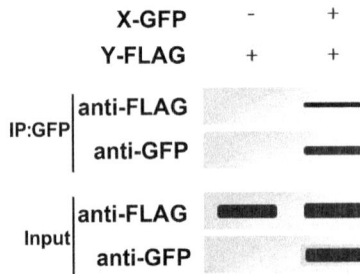

图 34 - 2   Western blot 检测 Co - IP 的结果

【注意事项】

细胞裂解采用温和的裂解条件,不能破坏细胞内存在的所有蛋白质—蛋白质相互作用,多采用非离子去污剂(NP - 40 或 Triton X - 100)。每种细胞的裂解条件是不一样的,通过经验确定。不能用高浓度的变性剂(0.2% SDS),细胞裂解液中要加各种酶抑制剂。

【参考文献】

[1] LIN J S,LAI E M. Protein - Protein Interactions:Co - Immunoprecipitation[J]. Methods Mol Biol, 2017, 1615:211 - 219.

［2］TAN L,YAMMANI R R. Co – Immunoprecipitation – Blotting：Analysis of Protein – Protein Interactions ［J］. Methods Mol Biol, 2022, 2413：145 – 154.

［3］BURCKHARDT C J,MINNA J D,DANUSER G. Co – immunoprecipitation and semi – quantitative immu-noblotting for the analysis of protein – protein interactions［J］. STAR Protoc, 2021, 2(3)：100644.

［4］TAKAHASHI Y. Co – immunoprecipitation from transfected cells［J］. Methods Mol Biol,2015,1278：381 – 389.

［5］EVANS I M,PALIASHVILI K. Co – immunoprecipitation Assays［J］. Methods Mol Biol,2022,2475：125 – 132.

［6］SCIUTO M R,COPPOLA V,IANNOLO G,et al. Two – Step Co – Immunoprecipitation（TIP）［J］. Curr Protoc Mol Biol,2019,125(1)：e80.

实验三十五　GST pull - down

【引言】

Pull - down 技术用固相化的、已标记的诱饵蛋白或标签蛋白(生物素 -、PolyHis - 或 GST -),从细胞裂解液中钓出与之相互作用的蛋白。目前最常用的是 GST pull - down,其原理是利用基因重组将目标蛋白 A 的编码基因插入到带有 GST 标签的载体中,使目标蛋白 A 与 GST 融合表达。谷胱甘肽包裹的磁珠与目标融合蛋白结合,加入细胞裂解液后,具有相互作用的蛋白被融合蛋白吸附,去除未结合蛋白后加入过量的谷胱甘肽进行洗脱,最后用蛋白质谱技术分析与目标蛋白 A 结合的蛋白。同时也可以将谷胱甘肽包裹的磁珠与目标融合蛋白结合后,与纯化后的 B 蛋白共孵育,检测 A,B 蛋白的直接相互作用(图 35 - 1)。免疫沉淀方法和 GST pull - down 方法互为补充,可以有效地验证蛋白之间的相互作用。

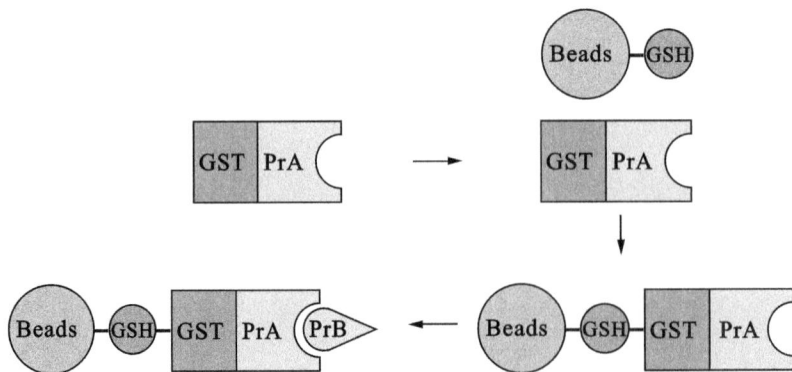

图 35 - 1　GST pull - down 原理图示

【目的与要求】

① 了解 Pull - down 的实验原理。

② 掌握 GST pull - down 的实验方法和步骤。

【实验设备与材料】

① 实验仪器：高速离心机，低温冰箱，超声仪，层析柜，分光光度计，水平摇床，垂直电泳槽，转膜仪，化学发光检测仪。

② 实验材料：锥形瓶，试管，大肠杆菌 BL21，100 mL 细菌培养皿离心管。

③ 实验试剂：PBS，Triton X‑100，IPTG，PMSF（苯甲基磺酰氟），Glutathione Sepharose 4B，无水乙醇。

【实验方法】

以验证蛋白 A 与蛋白 B 的直接相互作用为例，实验流程如下：

1. GST‑A 融合蛋白的表达

① 将目的蛋白 A 与 GST 的重组质粒转化到 BL21 菌株中。

② 挑取单克隆到含有 5 mL LB 培养基（含 100 μg mL^{-1} Amp）的试管中，37 ℃，225 rpm 摇床过夜。

③ 将过夜培养的 BL21 菌液转移到含有 500 mL LB（含 100 μg mL^{-1} Amp）的 1L 锥形瓶中，37 ℃，200 rpm 摇床 2.5～3 h，至 OD600≈0.6 时，加入适当浓度的 IPTG，在适当温度下培养 10～16 h（通常需要进行预实验以确定最佳 IPTG 浓度、诱导温度和时间）。

④ 诱导适当时间后，4 ℃ 4000 rpm 离心 10 min，然后弃去上清，收集管底菌体，如暂时不用，可将菌体保存于 -80 ℃冰箱中。

⑤ 用 PBS 漂洗一次，弃上清。每 500 mL 菌液加入 10～20 mL 细菌裂解液（每 mL 菌液 40 μL 裂解液）（PBS + 1% Triton X‑100 + PMSF），吹打混匀。

⑥ 把混合菌体置于冰水浴中，用超声仪进行破碎。每次超声破碎 20s，间隔 30s（破碎时间、破碎次数和间隔时间视具体情况而定），经过适当时间超声后，溶液会显得澄清。

⑦ 将超声后的溶液 4 ℃ 10000 g 离心 30 min，将上清和沉淀分离。通过 SDS‑PAGE 检测上清和沉淀中目标蛋白的量，如果目标蛋白位于上清中可按照以下步骤进行纯化或在 -80 ℃保存备用。如果目标蛋白位于沉淀中，应尽量优化蛋白诱导表达条件，如降低温度等，使蛋白可溶表达。经过优化也不能可溶表达的需以适当方式进行变性‑复性，使其溶解后进行纯化。

2. GST‑A 融合蛋白的纯化

① 将原 75% 谷胱甘肽琼脂糖凝胶的浆液弹至混匀；取 677 μL 原液，500 g 离心 5 min，弃上清（去除上清后的体积为 500 μL，即凝胶体积为 500 μL）。用 10 mL 1×PBS 漂洗一次，500 g 离心 5 min，弃上清。加入 500 μL 1×PBS，颠倒混匀，获得 50% 谷胱甘肽琼脂糖凝胶。（可在 4 ℃保存 1 个月）

② 取 200 μL 50% 谷胱甘肽‑琼脂糖凝胶 4B（Glutathione Sepharose 4B），与 GST‑A 裂

解液上清(每 10 mL 裂解液 200 μL 50% Sepharose)混合,置于 4 ℃ 层析柜中旋转孵育 1 h(如果是在 -80 ℃ 保存,取出在冰上融化后继续)。

③ 4 ℃,500 g 离心 5 min,弃去上清,该 Sepharose 上结合了 GST - A 融合蛋白。

④ 用预冷的 PBS + 1% Triton X - 100 漂洗 Sepharose 3 次(漂洗液体积需大于 10 倍珠子体积);然后用预冷的 PBS 漂洗 1 次。

⑤ 最后一次用移液枪吸走珠子表面的液体,但注意不要吸走珠子,即可获得结合 GST - A 的 Sepharose,用 200 μL PBS 重悬(可加入 100 μg/mL BSA 减少非特异结合)。

3. 蛋白 B 的制备

蛋白 B 可融合 His 标签进行原核表达,也可融合 Flag、HA 或 Myc 等标签进行真核表达。这里以融合 His 标签进行原核表达为例。

① 将蛋白 B 与 His 重组质粒转化至大肠杆菌 BL21 菌株中;然后按照上述实验方法 1(GST - A 融合蛋白的表达)中相同的方法表达 His - B。裂解、离心后,分别获得上清和沉淀,通过 SDS - PAGE 检测目的条带在上清还是沉淀中(如果在上清中,按照以下步骤纯化蛋白,如果在沉淀中则需要将沉淀用含 8 M 尿素的变性裂解液溶解后纯化)。

② 菌液破碎离心后的上清液中加入 2 M 咪唑溶液使终浓度为 20 mM,样品总体积为 10 mL(过柱子的样品最好过 0.45 μm 的滤膜,避免堵柱)。

③ 取 1 mL 镍琼脂糖凝胶 FF 或镍 NTA 琼脂糖凝胶 FF 预装柱,用 10 mL 平衡缓冲液平衡,然后取细菌上清液 10 mL 以 0.5 mL min^{-1} 上样,然后以 2 mL 每管,分管收集。

④ 用 15 mL 平衡缓冲液洗去未吸附的样品,流速 1 ~ 2 mL min^{-1},2 mL 每管收集。

⑤ 用 5 mL 洗脱缓冲液洗去未吸附的样品,流速 1 ~ 2 mL min^{-1},2 mL 每管收集。

⑥ 再用 5 mL 平衡缓冲液平衡柱子,灌满 20% 乙醇,封闭,以备下次使用。

⑦ 此方法是通用方法,若效果不佳,可用 50 mM,100 mM,300 mM,500 mM 咪唑浓度的洗脱缓冲液分段洗脱。

⑧ 将收集的各浓度梯度洗脱下来的蛋白取样,进行 SDS - PAGE。

⑨ 根据 SDS - PAGE 电泳图,将包含有目的条带的收集管中的蛋白透析至 1 × PBS 中。

4. 蛋白的体外结合

① 将 300 μL 纯化后的蛋白 B 溶液加入 GST - A 融合蛋白的 Sepharose 4B 悬浮液中,同时采用结合有 GST 蛋白的 Sepharose 作为阴性对照,在摇床上晃动孵育 4 ~ 8 h(4 ℃)。

② 4 ℃,500 g 离心 5 min,弃去上清液。

③ PBS + 1% Triton X - 100 洗 3 次,PBS 洗 1 次。

④ 吸干 Sepharose 上面的液体后,加入 40 μL 1 × 蛋白电泳上样缓冲液,沸水浴 5 min。

⑤ 通过 Western blot 进行检测。

【结果分析】

Input 部分检测是一种阳性对照,用于反应样本中的 A 和 B 蛋白表达是否正常。从图

35-2中可见 A、B 蛋白均正常表达。从 pull-down 结果看,只有存在 GST-A 时,pull-down 产物中能检测到 B 蛋白,而在仅有 GST 时,pull-down 产物不能检测到 B 蛋白,说明了 A、B 蛋白的直接相互作用。

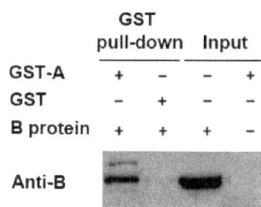

图 35-2　Western blot 检测 GST pull-down 中的 B 蛋白

【注意事项】

① 由于高纯度的融合蛋白能减少实验结果的假阳性,因此获得高纯度的融合蛋白对于 GST pull-down 实验结果分析具有重要的作用。同时,为了能够最大限度地保证融合蛋白原有的生物学活性,一般在获取融合蛋白时倾向于可溶性融合蛋白,因此获得高纯度的可溶性蛋白很关键。

对于可溶性蛋白的获得条件主要有:

a. 载体的选择。

b. 可溶性蛋白表达条件的选择。

c. 诱导温度。

d. 诱导时间。

e. 诱导物的浓度。

② GST 标签虽然能够促进重组蛋白的可溶性表达,但是 GST 标签可能会影响蛋白的正确折叠,因此对融合蛋白进行质量控制,会使实验结果更加可靠。

③ 在实验中,有时可加入核酸酶来消除可能桥接到蛋白上的 DNA 和 RNA,以避免产生假阳性。

【参考文献】

[1] EINARSON M B, PUGACHEVA E N, ORLINICK J R. GST Pull-down. CSH Protoc [M]. 2007, 2007pdb. prot4757.

[2] SAMBROOK J, RUSSELL D W. Detection of Protein-Protein Interactions Using the GST Fusion Protein Pulldown Technique [M]. CSH Protoc, 2006, 2006(1): pdb. prot3757.

[3] EINARSON M B, PUGACHEVA E N, ORLINICK J R. Identification of Protein-Protein Interactions with Glutathione-S-Transferase (GST) Fusion Proteins [M]. CSH Protoc, 2007, 2007: pdb. top11.

[4] BRYMORA A, VALOVA V A, ROBINSON P J. Protein-protein interactions identified by pull-down experiments and mass spectrometry [M]. Curr Protoc Cell Biol, 2004, Chapter 17: Unit 17.5.

实验三十六　染色质免疫沉淀

【引言】

染色质免疫沉淀技术(ChIP)是目前研究体内 DNA 与蛋白质相互作用的主要方法。其原理是在活细胞下固定蛋白质 - DNA 复合物,随机切断为染色质小片段,沉淀复合体,富集、纯化与目的蛋白结合的 DNA 片段并检测,从而获得蛋白质与 DNA 的相互作用信息。ChIP 不仅可以检测体内反式因子与 DNA 的动态作用,还可以用来研究组蛋白的各种共价修饰与基因表达的关系。ChIP 与其他技术的结合扩大了其应用:ChIP 与基因芯片相结合可进行特定反式因子靶基因的高通量筛选;ChIP 与体内足迹法相结合可寻找反式因子的体内结合位点;RNA - ChIP 可用于研究 RNA 在基因表达调控中的作用。随着 ChIP 的进一步完善,它将在基因表达调控研究中发挥越来越重要的作用。

【目的与要求】

① 了解研究蛋白质 - DNA 互作的常用方法。
② 掌握 CHIP 的基本原理和实验流程。

【实验设备与材料】

① 实验仪器:超声仪,水平电泳仪,离心机,层析柜,PCR 仪,水溶锅,垂直摇床。
② 实验材料:100 mm 细胞培养皿,DNA 凝胶回收试剂盒,细胞剂,15 mL 离心管,1.5 mL 离心管。
③ 实验试剂:甲醛,甘氨酸,SDS,RNase A,蛋白酶 K,Triton X - 100,EDTA,Tris - HCl,NaCl,LiCl,NR40,NaHCO$_3$,脱氧胆酸钠。

【实验方法】

1. 细胞的甲醛交联

① 往培养有细胞的 100 mm 细胞培养皿中加入 243 μL 37% 甲醛,使得甲醛的终浓度为 1%(培养基共有 9 mL)。
② 37 ℃孵育 10 min。
③ 终止交联:加甘氨酸至终浓度为 0.125 M(450 μL 2.5 M 甘氨酸到 9 mL 培养基中),混匀后,在室温下放置 5 min 即可。
④ 去除培养基,用冰上预冷的 PBS 漂洗细胞 2 次。

⑤ 细胞刮将细胞收集到 15 mL 离心管中,用预冷的离心机 2000 rpm 离心 5 min 收集细胞。

⑥ 倒去上清,按照细胞量,加入 1×SDS 裂解液,使得细胞终浓度为每 100 μL 含 $1×10^6$ 个细胞,再加入蛋白酶抑制剂复合物。

⑦ 超声破碎细胞,4.5 s 冲击,9 s 间隙,共 14 次。

2. 抗体孵育

① 超声破碎结束后,10000 g 4 ℃ 离心 10 min,去除不溶物质。

② 留取 300 μL 做实验,其余保存于 -80 ℃。

③ 300 μL 样品中,100 μL 加抗体作为实验组;100 μL 不加抗体作为对照组;100 μL 加入 4 μL 5 M NaCl(NaCl 终浓度为 0.2 M),65 ℃ 处理 3 h 解交联,用酚/氯仿抽提后,琼脂糖凝胶电泳,检测超声破碎的效果。

④ 在 100 μL 的超声破碎产物中,加入 900 μL ChIP 稀释液和 20 μL 的 50×PIC。

⑤ 再各加入 60 μL Protein A Agarose/鲑鱼精 DNA,4 ℃ 颠转混匀 1 h,700 rpm 离心 1 min,取上清。

⑥ 每组各留取 20 μL 作为 Input,在剩余的样品中一管中加入 1 μL 抗体,另一管中则不加抗体,4 ℃ 颠转过夜。

3. 免疫复合物的沉淀

① 孵育过夜后,每管中加入 60 μL ProteinA Agarose/鲑鱼精 DNA,4 ℃ 颠倒混匀 2 h,700 rpm 离心 1 min,弃上清。

② 依次用下列溶液清洗沉淀复合物。清洗的步骤:加入溶液,在 4 ℃ 颠倒混匀 10 min,700 rpm 离心 1 min,除去上清。

洗涤溶液:

a. 低盐漂洗液漂洗一次。

b. 高盐漂洗液漂洗一次。

c. LiCl 漂洗液漂洗一次。

d. TE 缓冲液漂洗两次。

③ 每管加入 250 μL 洗脱缓冲液,室温下颠转 15 min,静置离心后,收集上清,重复洗涤一次,最终的洗脱液为每组 500 μL。

④ 解交联:每管中加入 20 μL 5M NaCl(NaCl 终浓度为 0.2 M),混匀,65 ℃ 解交联过夜。

4. DNA 样品的回收

① 解交联结束后,每管加入 1 μL RNase A,37 ℃ 孵育 1 h。

② 每管加入 10 μL 0.5 M EDTA,20 μL 1M Tris - HCl(pH 6.5),2 μL 10 mg mL^{-1}蛋白酶 K,45 ℃ 处理 2 h。

③ 用 DNA 回收试剂盒回收 DNA,最终的样品溶于 100 μL ddH$_2$O。

5. qPCR 分析已知结合片段或测序分析未知结合片段

【结果分析】

如果已经明确要研究的基因,可以通过 qPCR 进行检测;如果没有明确的目标基因,可以通过下一代测序技术系统性的分析目标蛋白在基因组上潜在的结合位点。在实验过程中可以设置一个阳性抗体作为对照,可以选择 RNA 聚合酶 II 或者 H3K4me3 抗体,以确保整个实验体系没有问题(图 36 – 1)。通常 ChIP – seq 结果要进一步通过 ChIP – PCR 进行验证。验证 ChIP – PCR 成功与否是通过比较目的蛋白在阳性区域和阴性区域的富集度差异来判断的,阳性区域比阴性区域富集度高 4 ~ 8 倍以上才可以判断成功,但是也要依据具体的蛋白类型来判断。有些结合力很强的蛋白质需要更高的富集度才能判断成功。

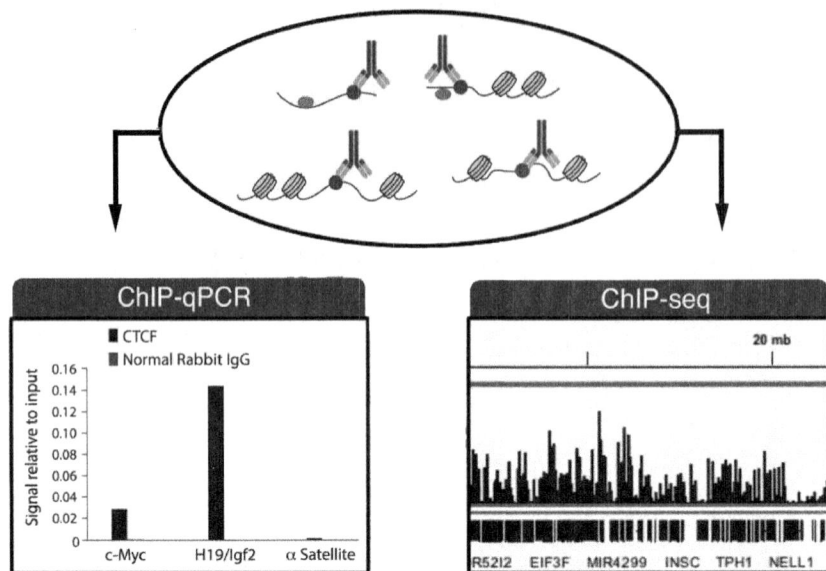

图 36 – 1　ChIP – PCR 和测序鉴定结果

【注意事项】

① 抗体不同和抗原结合能力也不同,免疫染色能结合未必能用在 IP 反应。建议仔细检查抗体的说明书,特别是多抗的特异性问题。

② 多数的抗原是细胞构成的蛋白,特别是骨架蛋白,缓冲液必须使其溶解。为此,必须使用含有强界面活性剂的缓冲液,尽管它有可能影响一部分抗原抗体的结合。另一方面,如用弱界面活性剂溶解细胞,就不能充分溶解细胞蛋白。即便蛋白溶解也可能存在与其他的蛋白的结合,即使 IP 成功,也是很多蛋白与抗体共沉的结果。

③ 为防止蛋白的降解或修饰,溶解抗原的缓冲液必须加蛋白酶抑制剂,低温下进行实验。

【参考文献】

[1] DAS P M, RAMACHANDRAN K, VANWERT J, et al. Chromatin immunoprecipitation assay [J]. Biotechniques, 2004, 37(6):961 – 969.

[2] NELSON J D, DENISENKO O, BOMSZTYK K. Protocol for the fast chromatin immunoprecipitation (ChIP) method [J]. Nature protocols, 2006, 1(1):179 – 185.

[3] NELSON J D, DENISENKO O, SOVA P, et al. Fast chromatin immunoprecipitation assay [J]. Nucleic acids research, 2006, 34(1):e2.

[4] RODRíGUEZ – UBREVA J, BALLESTAR E. Chromatin immunoprecipitation [J]. Functional Analysis of DNA and Chromatin, 2014:309 – 318.

附录　常用试剂配方

1. D – Hanks 液

称取 KH_2PO_4 0.06 g、NaCl 8.0 g、$NaHCO_3$ 0.35 g、KCl 0.4 g、葡萄糖 1.0 g、Na_2HPO_4 · H_2O 0.06 g、酚红 0.02 g，加 ddH_2O 至 1000 mL，或者取市售 D – Hanks 干粉 1 袋，剪开包装后将干粉溶于适量双蒸水中，在 1000 mL 容量瓶中调节 pH 为 7.2～7.4，并将 D – Hanks 液定容至 1000 mL。D – Hanks 可以高压灭菌，4 ℃下保存，使用时可加入青霉素和链霉素双抗溶液，使二者终浓度都达到 100 U mL^{-1}。

2. PBS 缓冲液(0.01 M)

称取 8.0 g NaCl、0.2 g KCl、1.44 g Na_2HPO_4、0.24 g KH_2PO_4 溶于 800 mL 蒸馏水中，用 HCl 调节溶液 pH 至 7.4，加蒸馏水定容至 1 L，利用 0.22 μm 滤膜抽滤除菌，保存于 4 ℃。

3. MTT(5 mg mL^{-1})

称取 0.5 g MTT 溶于 100 mL PBS，过滤后分装，全程避光。

4. 质粒提取试剂

① 质粒小提 P1(重悬液)：50 mM glucose，25 mM Tris – HCl，10 mM EDTA，pH 8.0。

1 M Tris – HCl(pH 8.0) 12.5 mL，0.5 M EDTA(pH 8.0) 10 mL，葡萄糖 4.73 g，加 ddH_2O 至 500 mL，高压灭菌，室温保存。

② 质粒小提 P2(裂解液)：0.2 M NaOH，1% SDS。

2 M NaOH 10 mL，10% SDS 10 mL，加 ddH_2O 至 100 mL，高压灭菌，室温保存。

③ 质粒小提 P3(中和液)：醋酸钾(KAc)缓冲液，pH 4.8。

5 M KAc 300 mL，冰醋酸约 57.5 mL 调 pH 至 4.8，加 ddH_2O 至 500 mL，高压灭菌，室温保存。

④ RNA 酶母液：将 100 mg RNA 酶加 TE 缓冲液至 10 mL 溶解，将配好的 RNA 酶溶液转移到 15 mL 离心管，于沸水中煮 15 min，使 DNA 酶失活。冷却后分装于 1.5 mL 离心管放置于 –20 ℃冰箱保存。

⑤ TE 缓冲液：10 mM Tris – HCl (pH 8.0)，1 mM EDTA(pH 8.0)。

1 M Tris – HCl(pH 8.0) 1 mL，0.5 M EDTA(pH 8.0) 0.2 mL，加 ddH_2O 至 100 mL，高压灭菌，室温保存。

5. Western blot 试剂

① Tris – HCl 的配制：

1 M Tris – HCl(pH 6.8)(100 mL 体系)：称量 12.1 g Tris 于烧杯中,加入大约 80 mL 去离子水,充分搅拌至溶解后用 5 M HCl pH 调至 6.8,再补加去离子水定容至 100 mL,于 121 ℃高温高压灭菌 20 min,室温保存。

1.5 M Tris – HCl (pH 8.8) (1000 mL 体系)：称量 181.7 g Tris base 于烧杯中,加入大约 800 mL 去离子水,充分搅拌至溶解后用浓 HCl 将 pH 调至 8.8,补加去离子水定容至 1000 mL,于 121 ℃高温高压灭菌 20 min,室温保存。

② 30% Acr – Bis(100 mL)：称取 29 g 丙烯酰胺,1 g 甲叉丙烯酰胺于烧杯中,加入大约 80 mL 去离子水,充分搅拌至溶解后定容至 100 mL,4 ℃避光保存。

③ 10% SDS(100 mL)：称取 10 g SDS 于烧杯中,加入大约 80 mL 去离子水,充分搅拌(可适当加热助溶)至溶解后定容至 100 mL,室温保存。

④ 5 M NaCl (100 mL)：称取 29.3 g NaCl 于烧杯中,加入大约 80 mL 去离子水,充分搅拌至溶解后定容至 100 mL,室温保存。

⑤ 5 × SDS – PAGE loading Buffer(40 mL)：称取 4 g SDS,200 mg BPB 于 50 mL 离心管中,加入 10 mL 1 M Tris – HCl(pH 6.8),20 mL 甘油,充分混合后,补加去离子水定容至 50 mL,室温保存。使用前向每 1 mL 中加入 100 μl 2 – ME。(注：甘油是黏稠物,不能用枪头吸,应该直接倒,然后溶液可在摇床上摇动混匀,使用前若黏稠,可于水浴锅加热。)

6. 酵母双杂交试剂配方

① 1 × YPAD 培养基：10 g 酵母粉(Yeast extract),20 g 细菌蛋白胨(Bacteriological peptone),0.04 g 腺嘌呤硫酸盐(Adenine sulfate), 加水至 960 mL(如果是固体培养基,还需加入 16 g Agar),高压灭菌,冷却后加入 40 mL 过滤除菌的 50% 葡萄糖($C_6H_{12}O_6$)。

② 0.5 × YPAD 培养基：5 g 酵母粉(Yeast extract),10 g 细菌蛋白胨(Bacteriological peptone),0.04 g 腺嘌呤硫酸盐(Adenine sulfate), 加水至 980 mL(如果是固体培养基,还需加入 16 g Agar),高压灭菌,冷却后加入 20 mL 过滤除菌的 50% 葡萄糖($C_6H_{12}O_6$)。

③ 2 × YPAD 培养基：20 g 酵母粉(yeast extract),40 g 细菌蛋白胨(Bacteriological peptone),0.04 g 腺嘌呤硫酸盐(Adenine sulfate), 加水至 920 mL(如果是固体培养基,还需加入 16 g Agar),高压灭菌。冷却后加入 80 mL 过滤除菌的 50% 葡萄糖($C_6H_{12}O_6$)。

④ SD 培养基：3.33 g 酵母氮源(Difco yeast nitrogen base)补 ddH₂O 至 430 mL, 如果是固体培养基则另加 8.3 g Agar,高压灭菌,加入过滤除菌的 20 mL 50% 葡萄糖,加 50 mL Dropout 溶液,至总体积 500 mL。

⑤ 10 × Dropout 溶液(1 L)：

异亮氨酸(L – Isoleucine)0.3 g,缬氨酸(L – Valine)1.5 g,精氨酸硫酸盐(L – Arginine HCl)0.2 g,赖氨酸(L – lysine HCl)0.3 g,甲硫氨酸(L – Methianine)0.2 g,苯丙氨酸(L –

Phenylalanine)0.5 g,尿嘧啶(L-Uracil)0.2 g,谷氨酸(L-Glutamic acid)1 g,丝氨酸(L-Serine)4 g,补 ddH$_2$O 至 900 mL。所有固体溶解后倒入 1 L 蓝盖瓶中,再加酪氨酸(L-Tyrosine)0.3 g(注意:酪氨酸难溶于水,所以直接加到瓶中,不需要溶解),高压灭菌,冷却备用。

苏氨酸(Threonine)2 g,天冬氨酸(Aspartic acid)1 g,补 ddH$_2$O 到达 100 mL,70 ℃ 水浴搅拌,直到所有固体溶解后,过滤灭菌,再将其加到高压灭菌的 1 L 蓝盖瓶中(注意:天冬氨酸难溶于水,所以需要水浴)。充分摇匀后,4 ℃ 保存。

⑥ 100 × 四缺溶液(100 mL)

腺嘌呤硫酸盐(L-Adenine sulfate)0.2 g,补 ddH$_2$O 至 100 mL,固体溶解后倒入 100 mL 蓝盖瓶中,高压蒸汽灭菌,充分摇匀后,4 ℃ 保存。

亮氨酸(L-leucine)1 g,补 ddH$_2$O 至 100 mL,固体溶解后倒入 100 mL 蓝盖瓶中高压蒸汽灭菌,充分摇匀后,4 ℃ 保存。

色氨酸(L-Tryptophan)0.2 g,补 ddH$_2$O 至 100 mL,固体溶解后倒入 100 mL 蓝盖瓶中过滤除菌,充分摇匀后,4 ℃ 保存。

组氨酸盐酸盐(L-Histidine HCl monohydrate)0.2 g,补 ddH$_2$O 至 100 mL,固体溶解后倒入 100 mL 蓝盖瓶中高压蒸汽灭菌,充分摇匀后,4 ℃ 保存。

⑦ 10 × LiAc 溶液:1 M LiAc,用醋酸缓冲液调节 pH 到 7.5,高压蒸汽灭菌,充分摇匀后,4 ℃ 保存或者室温保存。

⑧ 50% (W/V) PEG 3350:PEG 50 g,补 ddH$_2$O 至 100 mL 高压蒸汽灭菌或者过滤除菌,充分摇匀后,4 ℃ 保存或者室温保存。

⑨ 10 × TE buffer:100 mM Tris-HCl(pH 7.5),10 mM EDTA(pH 8.0)高压蒸汽灭菌,充分摇匀后,4 ℃ 保存或者室温保存。

⑩ X-α-gal:储存浓度:20 mg mL^{-1} 分装于 1.5 mL 棕色离心管,-20 ℃ 保存(注意:X-α-gal粉末用 DMF 溶解);工作浓度:40 μg mL^{-1}。

7. GST pull-down **试剂**

① 平衡缓冲液:pH 7.4 的 50 mM 磷酸缓冲液,0.5 M NaCl,含 20 mM 咪唑。

② 洗脱缓冲液:pH 7.4 的 50 mM 磷酸缓冲液,0.5 M NaCl,含 500 mM 咪唑。

8. 1 M 的 HEPES **缓冲液**

23.83 g 的 HEPES 加入 90 mL 的 dd H$_2$O 中,调整 pH 至 7.2 后定容至 100 mL。

9. PEI(polyethylenimine)(1 mg mL^{-1})

在烧杯中加入 90 mL 超纯水,加入 100 mg PEI(Polysciences:23966-100),加入浓 HCl(约 160 μL)调节至 pH < 2.0,放入转子(需提前用超纯水清洗)搅拌,搅拌至 PEI 完全溶解,大约需要搅拌 3 h,待到溶解后加入 10 M NaOH(约 100 μL)调节至 pH 7.0,加入超纯水定容至 100 mL,随后通过 0.22 μm 滤膜过滤,每管分装 1 mL 于 -20 ℃ 保存。

10. 5 × PEG-8000

在烧杯中加入 40 mL 超纯水,加入 NaCl 1.2 g、PEG-8000(生工:A600433-0500)20 g,

加入 2 mL 1 M HEPES,完全溶解后定容至 50 mL,高压灭菌锅 121 ℃ 灭菌 20 min,然后置于 4 ℃ 保存。

11. ChIP 稀释液

1% Triton X – 100,2 mM EDTA,150 mM NaCl,20 mM Tris – HCl(pH 8.1)。

12. 低盐漂洗液

0.1% SDS,1% Triton X – 100,2 mM EDTA,20 mM Tris – HCl(pH 8.0),150 mM NaCl。

13. 高盐漂洗液

0.1% SDS,1% Triton X – 100,2 mM EDTA,20 mM Tris – HCl(pH 8.0),500 mM NaCl。

14. LiCl 漂洗液

0.25 mm LiCl,1% NP – 40,1% Sodium Deoxycholate,1 mM EDTA,10 mM Tris – HCl(pH 8.0)。